Philipp Westermeyer

Digital unplugged

Philipp Westermeyer

Digital unplugged

Über außergewöhnliche Phänomene
und Macher unserer Zeit

Econ

Econ ist ein Verlag
der Ullstein Buchverlage GmbH

ISBN 978-3-430-21051-5

© der deutschsprachigen Ausgabe
Ullstein Buchverlage GmbH, Berlin 2021
Bearbeitung: Dr. Carolina Pasamonik, Köln
Redaktion: Michael Schickerling, schickerling.cc, München
Alle Rechte vorbehalten
Gesetzt aus der Stempel Garamond
Satz: Pinkuin Satz und Datentechnik, Berlin
Druck und Bindearbeiten: GGP Media GmbH, Pößneck

No one learned from your mistakes
We let our profits go to waste
All that's left in any case
Is advertising space

Robbie Williams

Inhalt

Intro

Als ich 2006 anfing, Webseiten für Google zu optimieren, stand »googeln« gerade neu im *Duden*, SEO als Suchmaschinenoptimierung (»Search Engine Optimization«) war den meisten weder bekannt noch verständlich, und Digitalisierung hatte meist mit der Frage zu tun, wann das Handynetz besser wird. Entsprechend war die Szene überschaubar, man kannte die meisten »Internet-Leute«, und in dem Verlag, in dem ich damals hauptberuflich tätig war, wurden die ersten SEO-Experten als eine Mischung aus skurrilen Typen und Gurus wahrgenommen. Online-Marketing insgesamt war ein Nischenthema, die wertvollsten Firmen der Welt waren Ölkonzerne oder chinesische Banken. Ich hatte die Hoffnung, dass sich aus diesem Nischendasein mehr entwickeln würde, und es erschien lukrativ – also kündigte ich meinen Job und machte mich mit zwei Freunden selbstständig.

Zehn Jahre später saß ich mit Hausschuhen bei Dieter Bohlen in dessen Arbeitszimmer in Tötensen und mit Richard David Precht in der Talkshow von Markus Lanz, habe Gerhard Schröder zum Podcast getroffen und Billie Eilish, als sie in Berlin war. WTF?! Das denke ich selbst immer wieder: Noch nicht lange her, dass ich als Assistent am Tisch sitzen durfte, als die StudiVZ-Gründer ihre Firma Verlagen zum Kauf anboten, und heute haben wir ein Unternehmen aufgebaut, das Gwyneth Paltrow und Elon Musk zu unserem Online Marketing Rockstars-, kurz OMR-Festival einlädt. (Okay, Elon Musk lud damals der Erste Hamburger Bürgermeister für uns ein.) Am Ende kam Musk nicht, aber dafür über 50 000 andere Menschen.

Ich bin natürlich glücklich und dankbar über diese Entwicklung. Es war nicht so geplant, aber rückblickend erscheint es fast logisch: Die riesige Digitalwelle der letzten Jahre trägt uns, heute gehören Google, Amazon und Facebook international zu den wertvollsten Konzernen – und ich bin ein Kind der digitalen Welt. Wenn auch erst ab der zweiten digitalen Welle nach der New Economy, während der ersten machte ich mein Abi. Mich faszinieren die Entwicklungen und die Macher der heutigen Zeit. Ich kann nicht aufhören, sie zu beobachten und ihre Geschichten zu verstehen. Vor meinen Augen entstehen fast jeden Tag neue Storys, die Geschichte schreiben, große, verrückte, auf jeden Fall erzählenswerte. Die Protagonisten der digitalen Welt sind tief in unserem Alltag angekommen – und entscheiden tatsächlich über den zukünftigen Verlauf der Welt mit.

Im Jahr 2020 gab es in Deutschland über 25 Millionen Amazon-Prime-Abos. Somit hatten auf Haushalte umgerechnet bis zu 47,8 Millionen Deutsche Zugang zum Angebot.[1] Das sind weit über 50 Prozent des Landes. Vergleichbare Mitgliederzahlen zu finden ist gar nicht so einfach. Die evangelische Kirche hat mit circa 20 Millionen Mitgliedern 5 Millionen weniger – und sogar die katholische Kirche kann aktuell mit 22,5 Millionen nicht mehr dagegenhalten. Vor sechs Jahren konnte Amazon Prime bereits 9 Millionen Abonnenten verbuchen. Die Kirchen sehen sich seit

Längerem einem gegenläufigen Trend ausgesetzt, wobei ihre Zahlen bei Weitem nicht so schnell sinken, wie sie bei Amazon steigen. Es handelt sich also nicht um direkte »Abtrünnige« – ein Gedanke, der gar nicht so abwegig ist, schließlich liegt bei beiden der Fokus auf dem Wohlergehen ihrer Schäfchen. Die Frage ist, wem es heute besser gelingt, ihnen das zu »liefern«, was sie suchen, brauchen, fordern, lieben, und wie das gelingt.

Wild Wild West Dot Com

Die digitale Welt greift tief in unseren Alltag ein. Sie ist überall – und es ergibt überhaupt keinen Sinn mehr, sie losgelöst von unserer »normalen analogen« Welt zu sehen oder zu verstehen. Nicht nur, dass enorm viele Verbindungen auf sehr vielen Ebenen vorhanden sind, sie gehören einfach zusammen: Die digitale Welt beruht auf der analogen, simuliert sie, ergänzt, erweitert, ersetzt sie manchmal auch. Auf jeden Fall macht die Digitalisierung unser Leben in großen Teilen angenehmer, einfacher und besser. Natürlich nicht immer und überall – ganz ehrlich, es geht nur um Digitalisierung, nicht um einen allmächtigen Heilsbringer.

Allerdings funktioniert das Ganze gerade bezogen auf unsere Wirtschaftswelt noch etwas, sagen wir mal, anarchisch, libertär oder enorm freiheitlich – ähnlich wie der Wilde Westen. Wo die westliche Zivilisation in den USA ihren Anfang nahm, herrschte seinerzeit noch Gesetzlosigkeit: ein wenig Trial and Error hier, ein wenig Chaos da, keine festen Spielregeln, doch insgesamt eine offene Spielwiese – besonders für ungewöhnliche Persönlichkeiten, Ideengeber und Vorreiter, die sich hervortaten und Neues schufen. Die kuriosesten Entwicklungen, Techniken und Innovationen (von der

Eisenbahn bis zum Revolver) nahmen dort ihren Lauf und veränderten die gesamte Gesellschaft. Klar war es ebenso eine harte Zeit für viele, ein Kampf ums Überleben, doch im Ganzen betrachtet wurde das Leben für jeden einzelnen Pionier Stück für Stück besser. Und für uns ist diese Zeit immer noch ein riesiger Fundus an Geschichten und Menschen, die etwas bewegt haben.

Die heutige Zeit der Digitalisierung ist in meinen Augen ähnlich: Sie ist eine Zwischenphase, in der die einen als Goldgräber und Glücksritter voranpreschen, die anderen als Sheriffs für Recht und Ordnung sorgen möchten und wieder andere quasi als Indigene zwar fest auf ihrem Territorium stehen, aber dennoch den Boden unter ihren Füßen verlieren. Die neuen Technologien sind für viele noch immer ein Zauberfass, für einige gar Teufelswerk. Unverständlich, undurchsichtig – vielleicht zum Werkzeug einiger weniger, wahnsinnig mächtiger Plattformen geworden, welche die Herrschaft übernehmen, indem sie zu unbesiegbaren Monopolen und unaufhaltsamen Machern werden mit Spielregeln, die für sie selbst am besten funktionieren.

Es gibt bestimmt noch viele fehlende Regularien. Unbekanntes, Problematisches. Die Digitalisierung ist oft hart und sicher nicht aufhaltbar, aber sie bleibt eine Chance für viele. In diesem Buch habe ich meine Erfahrungen gesammelt und die Einsichten, Zusammenhänge und Kuriositäten zusammengetragen, die mir am stärksten im Kopf blieben und bleiben und mich noch immer beeindrucken. Es sind Ideen, Anwendungen, Unternehmen. Es sind viele spannende und ungewöhnliche Geschichten, Anekdoten unserer Zeit, die mir knapp 400 Podcast-Gäste und unzählige Stars unserer Bühnen erzählt haben. Es ist so etwas wie mein »Nebenjob« geworden, all die Geschichten zusammenzutragen und als (wieder-)verwertbare Informationen und Inspirationen anderen weiterzugeben – wie im Wilden Westen am Lagerfeuer. Idealerweise helfen sie dabei, das Große und Ganze der digitalen Welt besser verständlich zu machen.

Auf den ersten Blick ist dieses große Ganze gar nicht so leicht zu erkennen. Es setzt sich aus vielen Aspekten zusammen, ist manchmal unterschwellig, oft subtil, beinhaltet komplexe Technologien, Strukturen und Thesen. So laufen wir alle manchmal offenen Auges durch die Welt und bekommen doch oft die Zusammenhänge gar nicht mit. Und sie hängen nicht bloß am digitalen Dasein, an unverständlicher Technologie und Algorithmen, sondern an unserem gesellschaftlichen, politischen und wirtschaftlichen Alltag. Um sie zu dechiffrieren, muss man kein gewiefter Betriebswirt oder Nerd sein, kein Unternehmer oder Investor im Stromkreis dieses Systems. Es reicht, Lust auf so verrückte wie logische Verkettungen zu haben, auf den Überblick über Kleines und Großes, auf Aha-Effekte, die die Welt in einem anderen Licht zeigen. Das Digitale »unplugged« sehen zu wollen. Mein Lieblingsbeispiel?

Digitale Brötchen

In Hamburg kann man in den etwas gehobeneren Vororten durch die jeweilige Geschäftsstraße schlendern und sieht kaum mehr andere Betriebe als Bäcker und Immobilienmakler. Von 40 Geschäften sind es in unserem Viertel 17, um genau zu sein. Das ist in vielen Städten ähnlich – und kein Zufall. Warum wissen sich diese beiden völlig unterschiedlichen Businessmodelle in durchaus hochpreisigen Vierteln so zu verewigen? Wie – und wieso – rechnet sich die horrende Miete für den »Cent-Waren-Laden« Bäcker ebenso wie für den Makler, der nur alle paar Wochen oder gar Monate einen Deal macht? Während es für Restaurants, Einzelhandel oder Banken offenbar keinen Sinn ergibt?

Bäcker verkaufen pro Tag Tausende kleine Einzelteile für Kleinstbeträge. Gut, die Preise für Körnerbrötchen sind gestiegen (der Mehlpreis und die Gehälter hingegen weniger), bleiben aber immer noch im Cent-Bereich. Es muss so manches Korn über die Theke gehen, bis der Umsatz die Ausgaben inklusive Verkäufer, Strom und Co. übersteigt. Der Immobilienmakler wiederum geht zunächst anders an die Sache heran. Er kann und wird nicht jeden Tag zig Verkäufe tätigen, ganz im Gegenteil: Seine »Ware« ist exklusiver, bedarf mehr Aufwand und Zeit – bringt aber dann umso mehr Einnahmen. Ein Käufer pro Monat kann schon ausreichen, um im Plus zu bleiben.

Was haben die beiden nun gemeinsam? Auf den ersten Blick – nichts: Der eine hat eine enorm hohe Kauffrequenz niedrigpreisiger, aber tausendfach reproduzierbarer Produkte, der andere hingegen einen sehr teuren »Warenkorb« mit seltenen Einzelstücken. Auf den zweiten Blick hingegen eröffnet sich eine andere, aber nicht minder logische Spielart der Realität: Es ist ihre Kundennähe – und damit ihre Marketingstrategie.

So mancher mag nun seinen Kopf schütteln: Welche Werbung macht denn mein Bäcker? Und was soll schon der Aushang in den Schaufenstern des Immobilienmaklers kosten? Richtig – das sind aber nicht ihre Marketingausgaben. Es sind die Mieten. Für beide sind sie Investitionen in ihre Kundenbeziehungen, und zwar die sinnvollsten. Natürlich könnte auch der Bäcker in den Zeitungsbeilagen eine Anzeige schalten oder eine Instagram-Seite bespielen (was Bäcker heute in der Tat tun). Dennoch gibt es kaum eine Ausgabe für die beiden, die cleverer ist als der Standort. Aus der Marketingperspektive sehen wir nämlich Folgendes: Die

Kunden sind unmittelbar vor Ort, und zwar jeden Tag und ohne Mühen. Oft genug müssen sie das Haus noch nicht mal extra für den Bäcker verlassen, da sie auf dem Weg zur Arbeit, Schule, Einkauf oder Sport ohnehin vorbeikommen. Und sonntags wird der Gang zum Bäcker für arbeitende Elternteile sogar zum genüsslichen Ausflug mit den Kindern.

Für Immobilienmakler gilt das gleiche Prinzip: Wenn ältere Menschen ein Haus verkaufen möchten (Verkäufer sind meist der Engpass), vertrauen sie dem Makler aus dem Viertel. Hauskäufer schauen ebenfalls häufig in ihrer Nähe nach Möglichkeiten. Das Ladenlokal des Maklers ist da am Ende nur eine Art Vitrine, man kann dort aktuell zum Verkauf stehende Häuser bestaunen und im besten Fall direkt einen Termin vereinbaren. Konkurrenz? Nun ja, verglichen mit der Anzeigenseite in der regionalen Zeitung oder auf Immoscout24 relativ gering.

Wann ist das passiert? Es war doch nicht schon immer so? Solch kleine Veränderungen kommen schleichend und sind oberflächlich betrachtet nicht gravierend. Doch sie sorgen für Veränderungen in der Wirtschaft, im Netz, in der realen Welt – in unseren Wohnvierteln eben. Und sie unterliegen den gleichen Strukturen und (Un-)Regelmäßigkeiten wie das digitale Business.

Äpfel mit Brötchen vergleichen

Was genau haben der Makler und der Bäcker mit Digitalisierung zu tun? Viel, denn die Strukturen hängen zusammen und erfordern auch in der digitalen Wirtschaft gewisse Handlungen, die Bäcker und Makler vollziehen können, andere aber nicht: Die Mischung aus den aktuellen Mietpreisen für derartige Ladenlokale und dem digitalen Wettbewerb – gerade für lokale Unternehmen – lässt im Grunde nur diesen beiden die Chance, analog zu überleben. Für viele andere Geschäftsmodelle haben die digitalen Möglichkeiten und Entwicklungen eine gestiegene analoge Ladenmiete wirtschaftlich nicht mehr tragbar gemacht. Entweder viel Kleines oder wenig Großes, aber immer mit guter Marge beziehungsweise Provision. Was wir also sehen, mag oberflächlich und auf den ersten Blick betrachtet Zufall ohne Zusammenhänge sein, auf den zweiten jedoch sehen wir einen Teil einer Kausalkette, die sich eben durch alle Bereiche zieht, analog, digital, auf jeden Fall real und unausweichlich. Doch Vorsicht: Die Geschichte ist größer, als viele hinter der digitalen Wirtschaft und den Marketingausgaben vermuten.

Es ist die Gleichung von Image, Fans und Sieg. (Wirtschaftlich ausgedrückt reden wir eher von Marketing, Kunden, Umsatz und Gewinn.) Jedes Unternehmen – auch die erfolgreichsten der Welt – muss gewisse Mechanismen berücksichtigen und sich auf den Zugang zu Menschen fokussieren, ob Bäcker, Makler, Google oder Apple. Es ist dementsprechend gar nicht so verwunderlich, wie es auf den ersten Blick erscheinen mag, dass für Apple die Lokalmiete einen ähnlichen Stellenwert hat wie für den Bäcker: Der Erfolg des Online-Giganten lässt sich nicht ohne seine reale, haptische Kundennähe in den Großstädten dieser Welt erklären. Seine Flagship-Stores sind perfekt platziert – in London, Berlin, New York, Paris, Peking, Mailand und fünfhundert weiteren Standorten rund um den Globus. Und sie strahlen – im wahrsten Sinne des Wortes: lichtdurchflutete Hallen, historische Mauern und modernste Technik.

Die Kosten sind hoch, doch sie lohnen sich, schließlich macht Apple zwischenzeitlich fast ein Drittel seiner Umsätze vor Ort.[2] Dass entsprechend in die Läden investiert wird, ergibt offensichtlich Sinn. Was sie mit ihren Flagships neben Kommunikation und Lifestyle ebenso schaffen: Kundennähe – mit einem direkten Vertriebskanal. Damit ist die Pipeline zu den Menschen von der Erstellung der Produkte bis zur Auslieferung perfekt. Und fast nebenbei wird der Besuch ihrer Shops für die Kunden – ihre Fans – zum Event. Spätestens seit den Einschränkungen der Corona-Pandemie 2020/2021 wissen wir, welchen Unterschied es zwischen digitalen und analogen Veranstaltungen gibt, vor allem wissen wir, wie hoch das Bedürfnis nach Live-Events ist und wie tief verankert.

Damit wir uns nicht falsch verstehen: Ich möchte die Euphorie um die Erfindung von iPhone, iPad, iMac und Co. nicht schmälern, sondern zeigen, dass diese exzellenten Produkte ein Puzzlestück des Erfolgs von Apple sind, aber eben nicht das gesamte Puzzle. Die Flagship-Stores sind ein weiteres Teil, und zwar ein beachtliches, denn dank seiner Immobilien wurde Apple zum ersten Hardware-Hersteller, der in den wichtigsten Städten und den besten Lagen der Welt wahre Tempel für seine Geräte erschuf. Dadurch konnte das Unternehmen seine Produkte direkt und nach ganz eigenen Vorstellungen präsentieren, feiern, verkaufen. Das scheint besser als jede Werbekampagne zu sein, denn die gewaltigen Mieten sind die höchsten Marketingausgaben geblieben, mehr Geld gibt Apple für andere Maßnahmen zumindest nicht aus. Muss es auch nicht – seine Läden bieten schon alles, was man sich wünschen kann, ob als Käufer oder Verkäufer: direkter Kontakt und völlige Freiheit bei der Darstellung und Präsentation neuer Produkte. Am Ende steht ein Unternehmen, das nicht nur seine Produkte, sondern vor allem sein Marketing perfektioniert hat. Diese Mischung hat dazu geführt, dass Apple heute eine der wertvollsten Firmen der Welt geworden ist. Mich würde nicht wundern, wenn sie es bleibt, denn sie hat längst die nächsten Puzzleteile vorbereitet und nutzt ihren Vorsprung, um das eigene Geschäftsmodell clever und zeitgemäß weiterzuentwickeln, aber dazu kommen wir später.

Keine Frage, der Bäcker nebenan ist bei diesen Themen anders aufgestellt, da können seine Brötchen noch so motivierende Namen wie »Alleskönner« oder »Energiemonster« haben. Und doch hat er die entscheidende Frage auf ähnliche Weise beantwortet wie Apple: Was kostet es, einen neuen Kunden zu gewinnen, und wie viel lässt sich wie lange mit ihm verdienen? Im Grunde muss sich jedes Unternehmen und jeder Geldgeber diese Frage stellen – und entsprechend handeln. Auch wenn es bedeutet, fünfhundert Ladenlokale mit Milliarden Dollar an Kosten zu halten. Wer würde unterstellen, dass eines der drei erfolgreichsten Unternehmen der Welt sich irrt – und warum es das tut?

Wie gesagt, auf den ersten Blick mag vieles verrückt, kurios, gar falsch wirken. Auf den zweiten, tieferen Blick hingegen befinden wir uns mittendrin in einem Regelwerk mit Kausalitäten, Korrelationen und einer klaren internen kaufmännischen Logik. Erfolg ist dann doch seltener reines Glück oder echter Zufall, als manchem lieb ist. Die gute Nachricht dabei: Seine Faktoren sind oft rekonstruierbar. Nicht umsonst finden wir viele Parallelen zwischen erfolgreichen Unternehmen (ob Bäcker oder Apple): Kundennähe, Storytelling und verdammt gute Produkte sind nur einige davon.

Die perfekte Welle …

Es zeigt sich noch etwas anderes: Die oft herbeigerufene Trennung zwischen virtueller und realer Welt, zwischen digitaler und analoger, neuer und alter existiert gar nicht. Die Zusammenhänge sind wesentlich komplexer, die Konsequenzen der einen für die anderen unmittelbarer – das zeigten der Bäcker und Apple bereits: Unsere Innenstädte erleben die Auswirkungen der Digitalisierung seit Jahren. Wohin das führen wird, bleibt abzuwarten, aber es gibt hierbei weniger ein Ziel als einen Weg.

Die Vororte sind »gefüllt« mit Bäckern und Immobilienmaklern, doch sie allein werden die Innenstädte nicht mit Leben füllen. Dass der Einzelhandel mit dem Internet und dem digitalem Einkauf zu kämpfen hat, steht außer Frage, und er wird unsere Citys nicht retten, nicht in seiner jetzigen Form. Das merken kleine, wenig glamouröse Städte wie Duisburg oder Dessau mit größerem Schmerz als Metropolen wie Berlin oder München. Aber nehmen wir mal an, der Einzelhandel entdeckt einige der oben genannten Puzzleteile – und erfindet sich neu.

Genau das hat ein Traditionskaufhaus in Osnabrück getan. Lengermann & Trieschmann (L&T) hatte andere Probleme als Apple – immer mehr Wettbewerb im E-Commerce, immer weniger Laufkundschaft –, fand aber eine Lösung, die auf ähnliche Aspekte setzt, nämlich Event-Feeling und Exklusivität. Neben ihrem alten Kaufhaus ließen die Geschäftsführer von L&T 2018 für fast 35 Millionen Euro ein 5000 Quadratmeter großes Sportfachgeschäft errichten. Nun ja, Sportfachgeschäft trifft es nicht ganz: Es ist vielmehr eine Oase für Sportverrückte, ein Einkaufserlebnis für alle und inzwischen Markenzeichen der Osnabrücker City und Sieger diverser internationaler Handelswettbewerbe.

Das absolute Highlight ist die stehende Welle fürs Indoor-Surfen, im Keller erbaut, von allen Etagen aus zu sehen. Hinzu kommen ein Fitnesscenter mit Höhentraining dank neuester Klimatechnik, ein Klub mit exklusiven Vorteilen, App und Events, eine ganze Markthalle voller Erlebnisgastronomie – und natürlich Sportkleidung und -artikel zum

Kauf. Vor der Welle hatte das Geschäft 3500 Follower auf Facebook, heute schauen bis zu 3 Millionen Menschen Videos der Wellenreiter. Mittlerweile buchen sogar Touristen aus Japan Monate im Voraus einen Slot für die Welle.

Was ist hier passiert? Die Geschäftsführung hat schon früh erkannt, dass sich bei gleichbleibendem Geschäftsmodell die Miete bald nicht mehr rechnen wird. Fakt ist: Es gibt auch alles im Internet, ohne Parkplatzprobleme, Öffnungszeiten, Schlangen an den Kassen. Wenn das Lokal die Miete wieder wert sein sollte, musste es mehr Kunden anziehen. Das schafft man nicht durch Shopping allein. Die Welle, das Höhentraining, die Gastro – alles zielt darauf ab, den Menschen andere Gründe zu liefern, wieder in die Stadt, wieder in das Geschäft zu kommen. Es sind das Event-Shopping, das Freizeitereignis, der Fun-Fact, den das Internet in der Form nicht bieten kann. Mit Erfolg: Die Kundschaft ist begeistert, die Umsätze sind gestiegen, der Standort gesichert. Und Spaß haben alle daran.

... in der perfekten Innenstadt?

Wagniskapitalgeber investieren in der Tat gerade vermehrt in Unternehmen, die Ladenflächen in digitale Spielwelten umwidmen und ebenso den Event-Charakter fokussieren: Mit Freunden und Kollegen nach der Arbeit noch eine Runde spielen – ein Trend. Und vielleicht eine Milderung des Problems der toten oder sterbenden Einkaufszentren.

Während der Corona-Pandemie musste die Welle des Sportgeschäfts übrigens immer wieder geschlossen werden, aber L&T hat sie daraufhin zumindest im Sommer 2020 kurzerhand abgedeckt und auf ihr für ein paar Wochen eine Gaming-Arena errichtet. In der »E-Sport-Factory« konnten sich nun junge Gamer nicht nur mit Zocken beschäftigen, sondern auch mit Mental- und Fitness-Coaching ihre Leistungen steigern. Erneut ein Event, erneut live, nahbar und mit viel Spaß verbunden. Zudem haben die Zielgruppen ihre (liquiden) Eltern gleich mitgebracht ...

Auch wenn Welle und Co. »analoge« Lösungen unserer Zeit sind, lassen sich nun doch die Zusammenhänge erkennen. Ohne Internet gäbe es weder die Welle noch die Markthalle, ohne aktuelle Technologien weder das Höhentraining noch das Online-Buchungssystem. Solche Geschichten können mit offenen Augen in vielen Städten erblickt werden, und sie alle befolgen die entscheidende Regel für Ladenlokale: Nutzt die Digitalisierung – aber bietet mehr, als das Internet es auch kann. Attraktive Preise finden sich heute im Netz.

Ein Teil der Zukunft der Innenstädte liegt ganz sicher in Serviceangeboten. Tätowieren, Nägel machen oder spontan Handys reparieren kann man halt nur in körperlicher Nähe. Service ist heute schon wichtig und wird weiter an Relevanz zulegen in den nächsten Jahren – auch im Netz, dort allerdings anders umgesetzt und bezogen auf andere Bedürfnisse.

Der Wandel in den Städten wird natürlich nicht einfach sein, nicht reibungslos und gradlinig funktionieren. Allein die unterschiedlichen Städtegrößen werden unterschiedliche Antworten erfordern, Hamburg andere als Erfurt oder Delmenhorst. Und seit letztem Jahr gesellt sich die Beschleunigungsmaschine Corona hinzu. Sie erwischt unsere Städte in Transitionsphasen, in denen vieles nicht in reduzierter Zeit so ideal ineinandergreifen kann, wie es das vielleicht in normalen Jahren täte. Wenn ein Kleidungsgeschäft oder ein Karstadt schließt, kommt meist etwas Neues. Es hätten beispielsweise Bildungseinrichtungen mit interkulturellen, Integrations- und digitalen Schwerpunkten werden können, aber auch eine neue auffällige Koffermarke, die sich zumindest in den Großstädten eine engagierte Fangemeinde hätte aufbauen können. Für diese Entwicklungen braucht es aber Zeit – und konsumierende Laufkundschaft vor Ort –, um sich zu platzieren. Solche schleichenden Übergänge waren üblich, dieses langsame Vor-sich-hin-Transformieren funktioniert grundsätzlich gut. Aufgrund der Pandemie fehlte einigen Neuen aber diese Zeit – sie fuhren nun vor die Wand oder ihr Motor sprang gar nicht erst an. Lücken sind damit vorprogrammiert, auch wenn wieder andere den nötigen Nährboden fanden – zum Beispiel Essenslieferservices und »Geisterrestaurants«.

Doch wer weiß, vielleicht kann am Ende niemand unsere heutige Form der Innenstädte retten. Wenn es sich für immer weniger Geschäftsmodelle, für den Einzelhandel, die Eisdiele oder den Metzger nicht mehr rechnet, die Miete zu zahlen, wird dort möglicherweise mehr Wohnraum entstehen. Noch versuchen Einkaufszentren Kunden für die Geschäfte anzuziehen. Ob das gelingt, ist unklar. Denn solche Konzepte leben meist von einem Ankermieter – aktuell sind dies oft Lebensmittelhändler oder die großen Warenhäuser –, der die meisten Menschen anlockt. Tut er dies dank der zahlreichen Lieferkonzepte, die aus diversen smarten und jungen digitalaffinen Köpfen sprießen, nicht mehr, werden die Läden um ihn herum es als Erste zu spüren bekommen. Und die Miete schließlich nicht mehr zahlen können oder wollen. Ein Umdenken ist also unausweichlich.

Ein Geschäftspartner von mir versucht genau das. Tomislav Karajica und ich haben vor einiger Zeit den Hamburger Messeturm gepachtet, um dort eine Eventfläche zum Leben zu erwecken. Der Turm hat 20 Jahre vor sich hingeschlummert, es wird Zeit, dass sein Potenzial wieder ausgeschöpft wird. Was Tomi aber parallel dazu als Zukunftsprojekt antreibt, folgt einer anderen Idee. Er möchte alten Kaufhäusern, die jetzt schon oder bald leer stehen, neues Leben einhauchen – mit Service. Er versteht sie als analoge Verlängerung der digitalen Lösungen, die uns, unser Einkaufsverhalten und unseren Lebensstil verändern, zum Beispiel unsere gesamte Lieferlogistik. Paketstationen sind gute Anlaufstellen für unsere Lieferungen und immerhin meist 24/7 zugänglich, dafür aber etwas außerhalb gelegen. Heute können wir schließlich selbst Fahrräder im Internet kaufen – doch was dann? Wer baut sie wo zusammen? Und wer lässt mich neue E-Games inklusive Zubehör ausprobieren, vielleicht sogar meine neuen Klamotten anziehen? In den alten Kaufhäusern ließen sich solche Servicetempel errichten: Läden, die Bikes aus dem Internet zusammenbauen, Gaming-Locations für Zocker, die sich austauschen können, gegebenenfalls Veranstaltungs- und Entspannungsräume, sicher ein wenig Gastronomie. So eine Renaissance der Kaufhäuser ist nicht weit hergeholt, mit dem richtigen Händchen könnte sie ein weiteres Teil des Projekts neue Innenstädte werden.

Der digitale Traum

Wohin uns also diese Reise führt, ist gar nicht einfach zu benennen – auf keinen Fall ist es so simpel, wie die Digitalisierungsfreunde und -feinde uns glauben machen möchten. Klar hängt alles mit der digitalen Seite zusammen, klar stellt die Digitalisierung die Basis für zahlreiche Entwicklungen dar. Doch ob diese gut oder schlecht sind? Auf der einen Seite haben wir Einkaufszentren mit Existenznöten, auf der anderen schaffen »die Neuen« neue Arbeitsplätze und Möglichkeiten, digital und analog. L&T, Lieferdienste bis hin zu Tausenden von Digitalagenturen zeigen diese Perspektive. Was hierbei häufig vergessen, verdrängt oder unterschätzt wird: Diese Möglichkeiten eröffnen sich nicht nur für einige wenige. Es gibt Google, Amazon, Facebook und Apple, richtig. In ihren Positionen gestalten sie die Welt mit, wie es früher für Privatunternehmen unvorstellbar war. Was sie da allerdings gestalten, sind gewaltige Spielräume: Diese Plattformen bilden das Rückgrat eines neuen Ökosystems, in dem wiederum neue Dinge entstehen.

Es gibt heute Großkonzerne, die ohne Google oder Amazon nie entstanden wären, und es gibt Tausende unbekannte Firmen, die erfolgreich sind, weil sie an die riesigen US-Plattformen clever anknüpfen. Der Begriff »Hidden Champions« meint viele davon: »heimliche«, unbekannte Marktführer, die manchmal mit Zigtausend Mitarbeitern und manchmal mit einem kleinen unauffälligen Team eine Nische dominieren. Zalando und Check24 sind allen bekannt. Beide hätten ohne Google und die daran hängenden Mechanismen nicht das nötige Kapital erhalten, die nötigen Konditionen vorgefunden, um erfolgreich zu sein. Heute hat Zalando über 13 000 Mitarbeiter und ist alles andere als »hidden«. Der Check24-Gründer Henrich Blase dürfte dank seiner Firma sogar zu den reichsten Deutschen gehören. Nach Google kam das große Instagram-Ökosystem und hat seinerseits neue Firmenkonzepte ermöglicht, die sonst niemals stattgefunden hätten, inzwischen Zigmillionen wert sind, ihre Branchen verändern, Arbeitsplätze und Wachstum schaffen – auch davon hören wir später mehr.

Jung, wild, unabhängig – und an der Börse

Ähnlich geht es aktuell sogar einer ganzen Branche – noch, wohlgemerkt: Sie brodelt unter dem Radar der meisten Deutschen, zieht aber gerade die wertvollsten unserer Start-ups heran, und diese wachsen und wachsen. In meinen Augen ist sie gerade eine der spannendsten Entwicklungen der Businesswelt:»FinTech«, also der Mix aus Finanzdienstleistungen und Technologie. Hinter diesem Begriff steckt alles, was mit technologisch hochversierten Innovationen rund um die Finanzindustrie zu tun hat, zum Beispiel mobile Bezahl- und Bankangebote, elektronische Marktplätze für das Corporate Banking, Geldanlagen et cetera. Firmen, die unter diesen Sammelbegriff der FinTechs fallen, gibt es ungefähr 500 verschiedene in Deutschland – und international spielen gar Amazon und Apple mit. Sie alle rütteln alteingesessene Banken auf, lösen deren Geschäftsmodelle ab und zerlegen das Banking in viele Einzelteile und Apps statt in die eine langjährige, allumfassende Beziehung zur Bank.

Einer der großen Trends ist das Interesse vieler junger Menschen für die Börse. Hier kommt alles zusammen: die Nullzins-Situation, die Tatsache, dass man heute in Firmen investieren kann, die man selbst kennt und nutzt – also Netflix, Amazon oder Tesla statt Kali und Salz, Bayer oder Rheinmetall –, und eben die neuen Technologien. Mit Trading-Apps wie Trade Republic oder Scalable kann jeder in wenigen Stunden an der Börse mitspielen. Viele erleben das neben der soliden Geldanlage auch als neues großes Spiel. Vielleicht ist es die dringend benötigte Demokratisierung der Börse, die früher doch eher den Reichen und Mächtigen zu gehören schien.

Diese Neo-Broker haben mit ihren leicht verständlichen Apps, minutenschneller Kontoeröffnung, geringen Kosten, der einfachen Handhabung von steuerlichen Fragen, Sparplänen oder dem Zugriff auf moderne ETF-Angebote (»Exchange Traded Funds«), also der Möglichkeit, bekannte Indizes wie den DAX wie eine Aktie zu »kaufen«, das ganze System umgekrempelt. Wie genau diese Firmen den

Nerv der Zeit getroffen haben, sieht man an der Tatsache, dass Trade Republic in wenigen Monaten über eine Million Kunden gewonnen hat und von den erfolgreichsten Digitalinvestoren der Welt aus dem Silicon Valley mit über 4 Milliarden Euro als Firmenwert taxiert wird.

Käufer go Fans …

Ganz wichtig für die gesamte Entwicklung dürfte sein, dass es Aktien, von Unternehmen gibt, mit denen sich die jungen »Investoren« identifizieren. Firmen, die sie als Nutzer kennen, die sie gewissermaßen groß gemacht haben als Kunden und Fans der ersten Stunde und des ersten Produkts. Wenn sie in ihrer Börsen- oder Trading-App die Aktienkurse sehen oder lesen, dass Airbnb an die Börse kommt, Apple ein neues iPhone-Modell plant, die Aktie des Heimtraining-Helden Peloton steigt, dann wissen sie das und einiges mehr meist vorab aus ihrem Alltag: Sie sind nicht nur Geldanleger, sie warten auch als Fans auf das neue iPhone, steigen gerade von ihrem Peloton-Fitness-Bike, schütten vielleicht Hafermilch von Oatly in ihren Kaffee und haben ihr Wochenende in Barcelona geplant. Sie sind schlicht viel näher dran.

Als im Corona-Lockdown Sportwetten nicht möglich waren, weil es für einige Wochen keinen Live-Sport gab, hat die Börse als letzte verbliebene Wettmöglichkeit noch mal zusätzlich zugelegt. Das Prinzip ist neben Geldanlage und Zukunftssicherung also sicherlich auch Adrenalinausschüttung und vielleicht kurzfristige Gier, zumindest aber Lust am Spiel.

… und Unternehmer go Superstars

Ich habe vor ungefähr 20 Jahren angefangen, mir aktiv Gedanken über den Lauf der Wirtschaft zu machen, und versucht, immer mehr zu verstehen. Auslöser waren eine fast dreijährige Reise nach New York und die Frage: Wer wohnt in diesen Brownstones und Penthouses? Wie haben die das geschafft? Mit dieser Neugier ging es immer weiter, was wenig überraschend zu der Frage führte: Wer gestaltet eigentlich den Lauf der Welt? Welche Mächte, Menschen und Mysterien stecken dahinter, dass die Welt so ist, wie sie ist? Mein Verständnis so weit: niemand so richtig und jeder ein wenig. Es sind jedoch zunehmend Menschen, die mit ganz besonderen Talenten und dem nötigen Funken Mut, Witz oder Lust zur richtigen Zeit am richtigen Ort den richtigen Knopf drückten. Davon gibt es zahlreiche Beispiele. Beispiele, die dieses Buch füllen und es zu einer Sammlung aus Mosaikstücken machen, die ein klares Bild ergeben.

Was mich an dem Ganzen begeistert, sind zwei Aspekte. Zum einen sind es genau diese Geschichten. Geschichten von Unternehmen und Menschen, gefüllt mit Anekdoten, verrückten Umbrüchen, Wagnissen und vielen smarten Entscheidungen. Zum anderen sind es die wirtschaftlichen Zusammenhänge und Regeln, ist es die Logik des Kapitalismus, die viele dieser abgefahrenen Narrative erst möglich gemacht hat. Das kannten wir früher eher von Künstlern und ihrem Leben, doch während die heute ihre eigenen Bilder schreddernd anonym Geschichte schreiben, treten andere ins Scheinwerferlicht: Jetzt sind Unternehmer und Gründer die Stars, die Außergewöhnlichen. Sie haben das Zeug dazu, Geschichte zu schreiben, und sie tun es bereits.

Nicht allzu viele Menschen betrachten die dahinterliegenden wirtschaftlichen Aspekte – weil es ihnen schlicht zu viel wird, sie dieses Fass nicht auch noch öffnen wollen. Das ist absolut legitim. Wer aber glaubt, Wirtschaft sei langweilig, irrt: Sie und ihre Protagonisten sind wortwörtlich weltbewegend. Und der Schlüssel zu vielen Rätseln: Warum ist es Händlern egal, dass sie am ersten Kauf ihrer Kunden keinen Cent verdienen? Warum werden wir unser nächstes Auto abonnieren? Warum ist mein Metzger auf Instagram? Warum kann man IKEA-Taschen für 2000 Euro kaufen – und warum machen Leute das wirklich? Wie machen Geschichten nicht nur Zukunft, sondern Milliarden Dollar? Mit einem Blick hinter die Kulissen finden sich Antworten auf diese Fragen. Dann lassen sich stehende Wellen in Geschäften aufbauen, mit Erdbeerfeldern Erlebnisparks schaffen oder mit Getränkeauslieferung eine Milliarde Euro verdienen. Dann wird aus Chaos Sinn und die Blackbox digitalisierte Welt nicht mehr so undurchsichtig.

Digital unplugged

Dieses Buch möchte von eben diesen Geschichten und ihren Effekten erzählen, und das aus ihrer Mitte heraus. Ich sitze seit vielen Jahren dort und kenne sie aus diversen Blickwinkeln, mit ihren Metaphern, Fehltritten, Lösungen, Anekdoten. Ich möchte beschreiben, Momentaufnahmen schaffen, heranzoomen, Zugänge erzeugen, unterhalten, nicht wissenschaftliche, gesellschaftskritische oder philosophische Strukturen aufbauen. Es gibt bedenkliche Momente und Probleme rund um die Digitalisierung und ihre Erscheinungen, keine Frage, und sie sind nicht vergessen. Aber dieses Buch ist mehr ein deskriptiver Reiseführer – und neutral wie die Schweiz, wenn man so möchte: überparteilich und unabhängig. Habt ihr das Buch gelesen, könnt ihr Meinungen von fundiertem Wissen unterscheiden, besser verstehen, was gerade passiert, und vielleicht sogar erkennen, wer blufft, wer zwar Geld hat, aber zu wenig Ahnung oder Technologie besitzt oder wer als Nächstes den richtigen Riecher haben wird. Auf jeden Fall kann dieses Wissen euch beim Lunch mit Kollegen oder beim Smalltalk auf Konferenzen als Eisbrecher dienen, amüsieren und zum Staunen bringen.

Für mich ist all das, sind diese digitalen Möglichkeiten eine nicht enden wollende Abenteuerreise. Zu sehen, wie Ideen, Technologien, Unternehmen wachsen und sich weiterentwickeln, wie sie dadurch ihre Umwelt verändern und diese wiederum ihre Disposition, ist eine ständige Lehrstunde. Sie zeigen zudem, was Digitalisierung eigentlich ist – nämlich ein ganzheitliches Unterfangen. Es bedeutet nicht nur, auf LinkedIn aktiv zu sein, ein cooles papierloses Büro zu haben oder teure Software anzuschaffen. Hier und da vielleicht, aber das sind nur Ausschnitte. Denn wesentlich wichtiger ist eine holistische und aktive Sichtweise: Es gehören eigene Kanäle, eigene Ideen dazu, die technologisch umgesetzt Unternehmen, Kontakte und Kommunikation verändern. Das gilt nicht nur für Apple oder Karstadt.

Nehmen wir als Beispiel Fußballklubs. Heute gibt es wohl nicht mehr viele Menschen, die diese Vereine im Freizeitsektor ansiedeln oder als nicht wirtschaftlich orientierte Strukturen wahrnehmen. Unsere Bundesliga zeigt, dass etwas ganz anderes dahintersteckt. Diese Vereine sind kommerzielle Unternehmen, haben ihre Webseiten und Auftritte auf Social Media, suchen konstant neue Fans auf Instagram und Partner für die Business-Loge. Und doch ist dies nur ein Ausschnitt, geht da noch viel mehr. Die Frage ist: Wie kann ich alles, was meine Kunden – wirkliche Fans – interessiert und beschäftigt, ganzheitlich auflösen und optimieren? Wo kann ich ihnen das Leben erleichtern, angenehmer machen, mich platzieren, sie binden?

Ein Verein hilft zum Beispiel seinen Fans, die Anreise ins Stadion besser zu planen. Stundenlang im Stau stehen, keine Parkplätze finden, in vollen Bahnen hocken, an Ticketkassen anstehen, Infos über Google oder die Stadiondurchsage erhalten? Das sind eher Schmerzquellen als Berührungspunkte. Hier gibt es neue digitale Lösungen, Kommunikationskanäle von der App bis zum Ticketing, Routenplanung, aktuelle Informationen und vieles mehr – und überall die Chance, seine (zahlenden) Fans ganz anders zufriedenzustellen. Wer sich nun als Erstes fragt, was er an Drittanbieter auslagern kann, unterschätzt vielleicht den Wert eines wirklich guten und glaubwürdigen Kontakts. Andere sind da schon weiter – und damit näher.

Teil I:
Berührungspunkte

Digitalisierung ganzheitlich nutzen und zu Ende denken, schön und gut, doch was heißt das konkret, um in der heutigen Zeit zu bestehen? Ganzheitlich denken bedeutet, die relevanten Zutaten der Digitalisierung zu erkennen und für sich bewusst nutzbar zu machen, sein Produkt entsprechend abzustimmen und anzupassen, seinen Service zu optimieren – und mit all dem seine Zugänge zu Kunden zu maximieren oder: Berührungspunkte zu schaffen.

1.
Wahre Ware

Sixt ist heute zum Beispiel nicht mehr der Autoverleiher, der uns früher in einem Industriegebiet in einer kleinen Hütte oder am Flughafen an einem beliebigen Schalter einmal im Jahr ein Auto vermietete – und den wir sonst nicht zu sehen bekamen. Weil wir es auch nicht wollten: Der Weg dorthin war schon nervig genug, hinzu kamen der Papierkram inklusive dem sich ewig wiederholenden Vorzeigen des Führerscheins und die Abgabe der Autos an festgelegten und meist suboptimalen Orten. Jedes Mal. Deshalb reichte es einmal jährlich. Nun aber sieht die Sache anders aus, nämlich digital.

Für viele von uns in den Großstädten funktioniert aktuell die persönliche und unternehmensbezogene Mobilität ziemlich gut, besonders bei kürzeren Strecken oder »Umwegen« und auch (oder vor allem), wenn kein eigenes Auto zur Verfügung steht. Wir nutzen Car-Sharing, Mietwagen, Taxen, Uber, Roller oder E-Scooter, um zu unserem Ziel zu gelangen. Das könnte nach vielen Apps, Anrufen, Datenweitergaben und Wartezeiten klingen. Tut es aber nicht – nicht für Sixt-Kunden. Mit der Sixt-App kriegen sie alles in einem und müssen weder ihre Daten immer und immer wieder eintippen noch in jeder Stadt (oder gar in vielen Ländern) neue

Anbieter suchen. Das Geschäftsmodell geht für beide Seiten auf – dank des smarten Berührungspunkts App. Früher gingen wir zu diesem seltsamen Sixt-Häuschen, jetzt gehen wir aus dem eigenen Büro, nehmen das nächste freie Sixt-Auto in der Nähe, fahren heim – und am nächsten Morgen für drei Tage in den Kurzurlaub. Mit demselben Wagen, selbst international. Und da dort gegebenenfalls Roller angebrachter sind, mietet man sich kurz einen und fährt dann mit dem Taxi wieder zum Hotel. Richtig, Sixt hat keine eigenen Roller oder Taxen – bietet aber den Service, die Anbieter über die App zu kontaktieren, zu nutzen, zu zahlen. Wer zunächst an Zusatzkosten denkt, irrt. Doch nur weil diese Angebote nicht direkt Geld in die Kassen bringen, sind sie für Sixt noch lange nicht wertlos.

Wer sich gerade fragt: Moment mal, das sind doch weniger Berührungspunkte als zuvor? Jetzt gehen wir noch nicht mal mehr in dieses seltsame Häuschen, sondern klicken uns digital durch, und das war's – ist das besser? Ja, das ist es. Denn es zählt die Dosierung von Berührungspunkten, doch ebenso ihre Qualität. Ohne Convenience keine Kundenzufriedenheit – oder: Bequem schlägt live. Alles muss möglichst einfach funktionieren, ohne Umwege, ohne Zusatzaufwand. Das ist fast gleichbedeutend mit: klick! Etwas, was Sixt verstanden hat.

Ich selbst zähle zu den intensiveren Nutzern dieser App: Mehrmals die Woche miete ich ein Auto oder buche einen Roller. Wer die Preise der Mietwagen für kurze Fahren kennt, wird den Gewinn dafür zunächst anzweifeln. Und doch: Es ist eine clevere Taktik. Denn zum einen leihe nicht nur ich auch regelmäßig für vier oder mehr Tage ein Auto und mache mich spätestens dann einträglich. Zum anderen bleibe ich Sixt als Kunde treu ohne dauerhafte Kosten.

Nachhaltig halten

Dadurch ändert Sixt sein Bild in den Köpfen der Kunden und rückt sich weiter in den Vordergrund. Das Unternehmen erkannte seine potenziellen Disruptoren, die fehlenden Zugänge zu Kunden, die steigenden und neuen Wünsche nach Service – und fand dafür eine Lösung in Form einer App. Diese fungiert nun als Schwungrad, im Marketing-Sprech »Flywheel« genannt. Dieses Flywheel basiert auf der heute unumgänglichen Businessformel, dass es wirtschaftlich smart, ach, unabkömmlich ist, seine bereits gewonnenen Kunden nach dem Kauf nicht mehr zu verlieren – denn so muss man sie nicht jedes Mal aufs Neue teuer überzeugen und gewinnen. Amazon kann sehr gut als Blaupause für dieses Prinzip herhalten: Kunden in der Amazon-Welt verlassen diese praktisch nicht mehr. Das müssen sie auch nicht, denn dort erhalten sie gefühlt alles, was man sich als Kunde nur wünschen kann. Sixt ist dieser Devise gefolgt und wurde zum kleinen Mobilitäts-Amazon für seine Kunden. Diese gehen da einfach nicht mehr weg, nachhaltig – und das ist das Wichtige.

Es lässt sich ohne Übertreibung sagen, dass diese Entwicklung eine Revolution darstellt. Die Convenience ist groß, alles ist bequem, durchdacht, easy. Einmal registriert, erlaubt die App Zugang zu einer gelungenen Fortbewegung, ohne dass ständig Papiere gezückt, ausgefüllt, kontrolliert werden müssen. Das ist Digitalisierung par excellence, und das können wir auch verlangen. Sixt hat sich die relevanten Gedanken über unsere und seine Herausforderungen gemacht – und sie gut gelöst. Raus aus dem starren System mit starren Wegen, Regeln und Produkten. Jetzt darf es auch mal der Roller sein, denn dass Sixt über seine eigenen Produktkapazitäten hinausgeht, folgt der Devise: Kunden wollen Flexibilität. Die hätten sie sich ansonsten anderweitig geholt, dafür doch eine weitere App, weitere kleine Umwege in Kauf genommen. Aber so? Bleibt die Sixt-App der entscheidende Berührungspunkt.

Fans mit Flügeln

Es ist also sicher eine gute Idee, seine Kunden so intensiv an sich zu binden, dass sie nicht nur deine Bücher kaufen oder deine Autos mieten, sondern für viele andere Dinge und Bedürfnisse ebenfalls wie selbstverständlich zu dir kommen. Wenn das Angebot stimmt. Bei Amazon ist eine thematische Ausrichtung kaum mehr erkennbar – das gesamte Leben ist halt im Angebot –, bei Sixt hingegen schon: Alles dreht sich um die motorisierte Fortbewegung.

Bei Red Bull wiederum ist es nicht Durst – wie bei einem Getränkehersteller durchaus erwartbar wäre –, sondern ein bestimmter Lifestyle, den das Unternehmen indirekt und subtil nutzt, um eine spezielle Zielgruppe zu vereinen. Der Energydrink-Hersteller hat bewusst, strategisch und mit hohem Invest ein Content-Universum für aktive, sportliche und waghalsige Globetrotter geschaffen. Weniger klassische Werbung, stattdessen atemberaubende Extremsport-Events, ein Fernsehsender, Kleidung und weitere Produkte und Accessoires. Felix Baumgartner brach mit seinem Sprung aus fast 40 Kilometer Höhe nicht nur aeronautische Rekorde, er sorgte zudem weltweit für Aufmerksamkeit, nicht nur für den Sprung, sondern auch für Red Bull. Es gab viele weitere Aktionen mit gefühlter Lebensgefahrgarantie wie Klippenspringen, Basejumps, Mountainbike-Rennen im Steinbruch, Eishockeyturniere auf der Zugspitze, Parcoursprints am

Flughafen und, und, und. Für etwas mehr Mitmach-Feeling lässt Red Bull seine sportlichen Fans Skisprungschanzen hochlaufen oder mit selbst gebauten Bobschlitten Berge runterrasen, grundsätzlich ist jeder abenteuerliche Wettkampf im Wasser, in der Luft und am Boden ein Red-Bull-Kandidat. Dazu gehören der Firma Sportvereine mit Tausenden von echten Fans auf höchstem Niveau oder ein Formel-1-Team. Red Bull macht kein Sponsoring – es besitzt die Werbeträger.

Das meinte ich mit Universum: Die Zielgruppe lebt sozusagen dort, hat regelmäßig und dauernd Kontakt und assoziiert mit Red Bull schon lange nicht mehr nur einen Drink im Supermarkt. Sollte die Marke neue Produkte oder Services launchen, kann sie mit einem verdammt guten Einstieg rechnen. Denn sie hat bereits einen Fuß in der Tür. Oder vielmehr einen festen Platz im Alltag der Community. Weil ihre Berührungspunkte nicht nur durch den Magen gehen.

Wer im Geschäft bleiben will, sollte sich also mit den veränderten Kundenbeziehungen auseinandersetzen, denn diese Veränderungen sind grundlegend. Selbst der Begriff Kunde wirkt veraltet und schon beinahe diskreditierend, zumindest aber kalt. Emotion sells, also heißen die passenderen Stichwörter Fans und Community, Experience und Convenience. Und Nähe. Gerade große Konzerne haben früher Kontakt via TV-Werbung und Print-Anzeigen für ausreichend gehalten. Das war es damals auch. Heute benötigt man nicht nur mehr als unidirektionale Ansprachen, sondern auch mehr als zahlende Kunden – denn die kaufen ein Produkt einmal und rangieren sich dann selbst aus. Zurück zum Start.

Es reicht nicht mehr, jedes Mal bei null zu beginnen, denn andere binden diese Kunden, machen aus ihnen eben jene Fans und eine Community – und nehmen sie aus dem Pool potenzieller Neukunden. Sind zum Beispiel Sixt-User zufrieden, wird es um ein Vielfaches schwieriger, sie für eine andere Taxi-, Carsharing- oder Roller-App zu gewinnen. Für Sixt hingegen wird es um ein Vielfaches einfacher, sie zu kontaktieren, zum nächsten Kauf zu animieren und als Weiterempfehler zu gewinnen. Wie dieses Spiel zu spielen ist, lässt sich anschaulicher kaum zeigen als mit Knossi.

König der Berührungspunkte

Knossi? Ja, er hat mehrere Millionen Fans und Follower über die verschiedensten Plattformen hinweg und so viele Berührungspunkte mit seiner Zielgruppe wie kaum jemand anderes. Begonnen hat Jens Heinz Richard Knossalla seine Karriere 2008 mit der Einsicht, dass er nicht hinter einen Schreibtisch, sondern ins Rampenlicht gehört. Also ab in die Medienwelt. Spiel- und Reality-Shows hier, Pokermoderationen dort, mal *Gute Zeiten, schlechte Zeiten*, mal *Richterin Barbara Salesch*, Reisen mit Boris Becker zu Pokerturnieren – und eine absichtlich herbeigeführte »Festnahme« durch den Wachdienst von ProSieben, als er sich dabei erwischen ließ, wie er in die Studios einbrach, um eine Bewerbung abzugeben. Seine steigende Bekanntheit und dieser zugegebenermaßen etwas abgedrehte Berührungspunkt ließen die Casting-Jury schmunzeln, so etwas geht selbst dort nicht unbemerkt vorbei.

Nach diesen »Arbeitsschritten« hat Knossi 2016 schließlich Twitch für sich entdeckt und startete mit genau einem Zuschauer seine eigene Live-Show. Twitch ging als Live-Streaming-Portal 2011 online, hatte 2013 über 45 Millionen Viewer und 6 Millionen Kanäle und wurde 2014 von Amazon gekauft (apropos Berührungspunkte …). Ursprünglich für Videospiel- und E-Sport-Übertragungen gedacht, avancierte Twitch schnell zu mehr. Der Fokus liegt zwar immer noch auf Gaming-Themen, aber man kann auch einem echten Bauern beim Feldbestellen auf seinem Traktor in Echtzeit (und für viele Stunden) über die Schulter schauen und dabei mit ihm und je nach Tageszeit mit 2000 anderen Zuschauern chatten. Farming ist Gaming geworden, solche Kanäle haben auf Twitch regelmäßig 70 000 Follower. Damit ist dieses Medium durchaus vergleichbar mit YouTube, allerdings sind die Inhalte hier immer live.

Knossis Kanal *The Real Knossi* ist ein Sammelsurium von Online-Spielen, Online-Poker, einer Talentshow und Talks. Prominente Co-Moderatoren wie Bushido oder Pietro Lombardi sind regelmäßig dabei, ebenso wie mittlerweile über 1,3 Millionen Follower. Damit ist er einer der meistgefolgten Twitch-Stars. Dank der Chat-Box sind Interaktionen zwischen den Zuschauern schnell und einfach, die hauseigenen »Emotes« (ähnlich den guten alten Emojis aus WhatsApp und Co.) rasen nur so dahin, jeder kann sich einbringen, viele tun es auch, mit Kommentaren, als Mods (Moderatoren), Spender oder Sponsoren. Knossi schreit, albert, »schwitzt und stöhnt« (seine Worte) – und bindet seine Community Tag für Tag an sich. Er hat aufgehört, feste Sendezeiten zu nutzen, und dennoch: Wenn er live geht, sind schnell und regelmäßig 400 000 Leute dabei. Gern für mehr als vier Stunden, mindestens dreimal pro Woche. Hinzu kommen jeden Tag acht Stunden am Smartphone, aktiv, meist auf Insta, mit seinen 1,2 Millionen Abonnenten. Er sendet, postet, chattet, interagiert, ruft auf, überrascht, leidet und feiert mit seiner Community. Er steht damit nicht nur im Rampenlicht, sein Leben findet quasi ausschließlich online statt. Er ist sein eigener Avatar geworden, und vermutlich führen Hunderttausende eine Art parasoziale

Beziehung zu ihm. Aber gut, wenn man zu den fünf größten Streamern weltweit gehört, bleibt das womöglich nicht aus.

Real recognizes real

Das große Geheimnis um seine Reichweite lässt sich mit eben jenen Berührungspunkten lösen, die er tagtäglich schafft. Hier ein Stream, da ein Foto, ein Spruch, wieder eine Sendung, stundenlang. Er ist so präsent, dass offensichtlich niemand in seiner Zielgruppe um ihn herumkommt – und kommen will, denn die zweite Erfolgszutat ist seine Authentizität: Er macht all das, weil es ihm Spaß macht. Er ist einfach genau diese liebenswürdige Rampensau, die seine Fans sehen, nicht mehr und nicht weniger. Das ist entscheidend, um die Leute zu gewinnen und zu halten – besonders bei solchen »Produkten«, bei Personenmarken. Diese echte Nähe macht ihn zugänglich, sympathisch, real. »Real recognizes real«, wie es unter Rap-Fans heißt, übersetzt in etwa: »Echt erkennt echt.« Die Leute vertrauen ihm und lieben es, weil er einer von ihnen ist, ihre Zeit mit ihm zu verbringen – oder Geld dafür auszugeben.

Denn jetzt kommen wir zur zweiten großen Frage dieser Story: Was hat Knossi mit Red Bull oder Sixt gemein? Wo spielt hier der kaufmännische Nutzen der Digitalisierung in unserer Wirtschaftswelt eine Rolle? Praktisch überall. Denn Knossi ist nicht nur ein leidenschaftlicher Streamer und Twitch-Promi, er verdient damit auch seinen Lebensunterhalt – und ist Unternehmer.

Auf Twitch können Zuschauer mit oder ohne eigenen Account umsonst Videos und Kanäle schauen. Auf Wunsch können sie außerdem Kanäle ihrer Wahl abonnieren und mit

5 Euro im Monat monetär unterstützen. Auf der nächsten Stufe kann ein Prime-Angebot mit dem so oft schon vorhandenen Amazon-Prime-Konto verbunden werden. Nutzer sehen dann auch keine Werbung mehr – und können zudem ihre Lieblingsstreamer konkret finanziell unterstützen, ohne selbst zusätzlich zu zahlen: Der Kanal erhält in diesem Fall für einen Monat einen Teil der ohnehin an Amazon Prime gezahlten Abo-Kosten. Das ist sozusagen ein Gratis-Abo für den Zuschauer und gleichzeitig eine Einnahmequelle für den Streamer.

Und das ist noch nicht alles, denn als Zuschauer kann man zu jeder Zeit eine frei wählbare Summe an seinen Star spenden. Diese »Donations« liegen oft bei 5, 10 oder 20 Euro. Das klingt vielleicht nicht viel, doch die Masse macht es dennoch – und regelmäßig dreht ein Fan durch und spendet eine vierstellige Summe. Knossi nennt das augenzwinkernd »GEZ-Gebühren« oder »Ablass für König Knossi«. Für Twitch-Kenner ist dieses System eine eigene Welt, für Außenstehende schwer nachvollziehbar, aber dennoch Fakt.

Knossi berührt sie alle

Eine weitere Verrücktheit geschah im Sommer 2020, als Knossi alle bislang bekannten Zuschauerzahlen ins Jenseits schickte und neue Rekorde aufstellte. Das Basiskonzept: mit ein paar Kumpeln angeln gehen. Dieses Angelcamp haben in den ersten 50 Minuten schon 200 000 Leute verfolgt und bis zu 312 000 Follower gleichzeitig begleitet, klarer internationaler Rekord. Im Schnitt waren es in diesen 72 Stunden 150 000 Viewer – und nochmals: Es war ein Angelcamp. Folgende drei Kumpel waren die gesamten drei Tage vor Ort: Sido, Manny Marc (von *Die Atzen*) und Sascha Hellinger (vielen durch *unsympathischTV* bekannt). Letzterer ist seit 2014 bei YouTube und schafft es seit Jahren, eine Million Zuschauer mit seinen Videos zu begeistern. Weitere mehr oder minder bekannte (Online-)Persönlichkeiten gesellten sich als Besucher dazu, um mit den vieren an einem See bei Gollwitz mit Wohnmobil, zwei Schlauchbooten, Grill und Campingstuhl – zu angeln.

Die Zahlen sprechen für sich: Dieser gigantische Berührungspunkt hat die Streaming-Branche durchgemischt und Knossi zu einem neuen Level geführt. 2018 hatte er eine durchschnittliche Zuschauerzahl von etwas mehr als 400, 2019 waren es schon circa 8500 Zuschauer. Im Angelcamp-Monat wurden es schließlich mehr als 95 000 Menschen, die ihm folgten, und das insgesamt über 12 Millionen Stunden lang. Die zahlenden Abonnenten werden mehr und mehr, und auch auf YouTube und Insta hat er mittlerweile mehr als eine Million Follower – nicht bezahlte, aber auf Dauer doch lukrative Berührungspunkte.

Wer darin kein starkes Geschäftsmodell sieht – könnte Knossi selbst sein. Denn zumindest im Sommer 2020 ist er mit so viel Leidenschaft und Spaß bei der Sache, dass er nicht nur diese Zahlen bislang nicht verfolgt, sondern eben genau das richtig macht, was andere Unternehmen oft nicht verstehen. Mit seiner offenen, kommunikativen und authentischen Art scheint er wie Öl, das man in die Social-Media-Feuer schüttet. Es nervte ihn manchmal selbst, dass seine Talentshow lange nicht mehr als 10 000 Zuschauer hatte – weil er dort nicht nur »seine Show abzieht«. Doch weil er aufrichtig daran interessiert ist, die Talente kennenzulernen und sie zu bestätigen oder gar zu pushen, stiegen auch hier seine Zahlen. Und das ist noch nicht alles, denn er schafft gefühlt täglich neue Berührungspunkte. Ja, auch auf Insta, wo er jeden Tag neue Storys und Bilder postet und sich damit ganz nah an der Oberfläche seiner Fans hält. Doch mittlerweile sind reale Produkte hinzugekommen.

So kann man heute selbst zusammengestellte Süßigkeitsmischungen von Knossi kaufen, als Themen-Mix oder nach Wunsch. Die Partner sind alle erdenklichen bekannten Süßwarenproduzenten. Sein eigener Likör »Alge« entstand mitunter auf vielfachen Wunsch seiner Fans, liegt aktuell in vier Variationen vor – und beruht auf dem gleichnamigen Lied. Ebenfalls von Knossi. Der Song war kaum veröffentlicht, da schoss er geradewegs in die Top 50 bei Spotify, dabei hatte Knossi vorher noch nie gesungen. Neben Handyhüllen, Kleidung und Accessoires kam mit Konzerten und dem nächsten Camp ein Buch hinzu: *Knossi, König des Internets* stand kurz nach der Ankündigung bereits auf den Bestsellerlisten und stieß zwischenzeitlich sogar Bücher über Trump vom Thron. Fünf Tage nach Erscheinen hatten bereits über 50 Leute eine Rezension bei Amazon geschrieben, vier Monate danach mehr als 1000, auch das schafft nicht jeder.

Welche weiteren Streiche Knossi noch auf Lager hat, wird sich zeigen. Fakt ist, er trifft den Nerv der Zeit, nicht nur gesellschaftlich, sondern wirtschaftlich. Natürlich bedient er eine Nische, doch auch das gehört dazu und ist gewinnbringender, als auf Masse zu gehen – die es so ohnehin nicht mehr gibt. Er zeigt vor allem, wie man Berührungspunkte einsetzt, lebt und fördert, und zwar in Frequenz und Form.

Oft, schnell und einfach

Es ist durchaus nachvollziehbar, dass alteingesessene Unternehmen eher hinterherhinken. Sie schleppen riesige Apparate voller Freigabeabläufe, Regularien, Abstimmungen und Perfektionswahn mit sich herum. Unternehmern, die diese

Gewichte nicht mit sich tragen, fällt es wesentlich leichter, »einfach mal zu machen« – auch wenn viel mehr dahintersteckt. Knossi ist ja so ein Beispiel. Jetzt mag man einwerfen, das sei ein völlig anderes Spiel, wenn man sich selbst vermarktet, keinen riesigen Konzern hinter sich hat und sich so flexibel zeigen kann. Ja, aber nein – denn es ist möglich. Red Bull zeigt es und hat weit über 12 000 Mitarbeiter. Ebenso lässt sich kaum sagen, die digitalen Giganten seien klein, starr oder ohne Community. Doch wer sie nicht als Vergleich angebracht sieht: Es geht auch bei einem Unternehmen, das ganz analoges Geschirr verkauft.

Motel a Miio ist gerade mal vier Jahre alt, als es 2020 über 160 Mitarbeiter hat, 30 Geschäftsläden, ein klassisches Produkt. Und es hat einen Instagram-Account, der aktuell täglich 120 000 Abonnenten beglückt. Mit Geschirr – beziehungsweise nicht nur, denn mittlerweile ist die Keramikproduktpalette mit Kerzen, Vasen und Lampen aufgestockt worden. Einen Lauf haben außerdem die Beachbags des Unternehmens. Das sind in der Tat einfach Taschen, aus Stoff. Sie haben einen praktischen Nutzen, gut, aber nebenbei sind sie ein weiterer Berührungspunkt. Denn während unser Geschirr selten die Wohnung verlässt, werden die Taschen nicht nur bei Gästen in den eigenen Wänden gezeigt, sondern in die weite Welt getragen. Ziemlich hilfreich, wenn man als Geschirrmarke solche Berührungspunkte zusätzlich erzeugen kann.

Für die alten Konzerne bleibt damit weniger Spielraum zu sagen, na ja, schön und gut, was Knossi oder junge Firmen da treiben, aber wir haben Entscheidungs- und Freigabeprozesse. Da braucht die Kommunikationsabteilung für so einen Insta-Post nun mal drei bis sechs Leute, die das zuvor abstimmen, und drei bis acht Tage, bis er freigegeben ist. Dass das so lange dauert, lässt sich ändern, es ist nicht trivial, aber eigentlich unabdingbar, wenn man eine Community schaffen will, anstatt mit viel Geld jeden Tag Neukunden zu akquirieren. Wenn man Berührungspunkte schaffen möchte. Und zwar gern mehr als zwei. Täglich – wobei es wie bei Knossi und anderen auch mal zwanzig oder mehr Storys pro Tag sein können. Gerade in der Musikszene lässt sich diese Entwicklung gut nachzeichnen.

Rundumbeschallung

So hat zum Beispiel der Rapper Bonez MC eine Frequenz für sich geschaffen, die vorher schier unglaublich schien. Doch sie funktioniert. Er ist mittlerweile mehr Filmproduzent auf Insta als Musiker, mehr Geschichtenerzähler als Sänger, aber das ist heute nicht problematisch. Denn er begeistert seine Fans damit, er zieht sie in seinen Bann und hält sie dort, ohne sich oder sie zu verbiegen. Seine Frequenz ist exzessiver als bei vielen anderen, doch in seiner Nische, seinen Themen und bei seiner Community geht das Spiel auf.

Mit einem etwas anderen Fokus spielt Sido das Spiel der Berührungspunkte. Seine Frequenz ist zwar ebenso relevant für seinen Erfolg, dennoch nutzt er vornehmlich seine Kooperationsfreude, sein Gefühl für neue Trends und sein Storytelling, um sich regelmäßig und gezielt an die Oberfläche zu bringen und als Marke präsent zu halten. Er ist 40 Jahre alt, seit über 20 Jahren in der Musikbranche und fast ebenso lange erfolgreich, allein das ist ein Phänomen. Udo Lindenberg hat es geschafft, sein Leben lang als Marke zu bestehen, andere fallen mir aber so schnell nicht ein. Sido beweist ein ums andere Mal den richtigen Riecher, und das nicht nur, wenn er sich innerhalb seines »klassischen« Habitats bewegt. Ob er die Gelegenheit des Angelcamps mit

Knossi nutzt, Songs mit Marius Müller-Westernhagen und Helge Schneider macht oder in der Jury von *The Voice of Germany* sitzt: Neben seiner Deutsch-Rap-Karriere setzt er immer wieder andere Highlights. Für seinen Erfolg ist wohl das Entscheidendste an seinen Exkursen, dass kaum jemand ihre und damit seine Echtheit anzweifelt. Sido bleibt einfach glaubwürdig bei allem, was er tut, und schafft es, nie als Fremdkörper zu erscheinen. Er ist eine Marke an sich und könnte es dank seiner Berührungspunkte auch noch lange bleiben, eben weil er versteht, sich mit ihnen im relevanten Set der Menschen zu halten.

Jan Delay kennt gefühlt auch jeder – dennoch hat er bewusst nicht alle potenziellen Berührungspunkte genutzt, die ihm zur Verfügung standen. Er hat mir in einem OMR-Podcast erzählt, dass er für quasi jede TV-Casting-Jury des Landes angefragt wurde, aber er sah darin keinen Weg, der zu ihm passt. Kann man natürlich so sehen, aber vielleicht auch eine vertane Chance. Am Ende wären es gut bezahlte, wiederkehrende Berührungspunkte gewesen, aber wir haben ohnehin im Gespräch festgestellt, dass Jan in den letzten Jahren aufgrund seiner Skepsis gegenüber kommerziellen Angeboten möglicherweise eine achtstellige Summe liegen gelassen hat. Vielleicht eines der besten Podcast-Gespräche, das ich je geführt habe.

Das waren jetzt fast durchweg Beispiele aus der Musikbranche und durchweg Personenmarken. In der Tat sind bei vielen Firmen andere Mechanismen und Strukturen im Spiel, das ändert aber nichts daran, dass Produktvielfalt, Kundenbeziehungen und Berührungspunkte für sie ebenso neue Spielregeln setzen.

1,5 Sekunden Ruhm

Die Schwierigkeit für viele große Unternehmen liegt vor allem in dieser neuen Frequenz, in der Taktung. Und in der Herangehensweise an Inhalte. »Content is king«, aber Content ist nicht gleich Content. Klar gibt es den perfekten Sonnenuntergang, auf den man lange wartet und bei dem alles stimmen muss. Dass Unternehmen für das perfekt ausgeleuchtete Produkt ein paar Tage brauchen – geschenkt. Das ist aber nur eine Sorte Content, nur eine Seite der Medaille. Daneben gibt es Content, den zu nutzen Knossi ebenso wie Motel a Miio und viele andere verstehen: Es gibt auch ein Straßenschild, Salzstreuer oder Graffiti, die auf die Schnelle begeistern, die man aus purem Zufall irgendwo sieht und die zum Lachen bringen. Storys auf Insta verschwinden nach 24 Stunden. Das tut bei dem perfekten Bild weh – nicht aber bei Alltäglichkeiten, bei kleinen und eben kurzlebigen Schönheiten, die eine Daseinsberechtigung von einigen Augenblicken haben. Denn das reicht. Sie erfüllen damit genau ihren Sinn: Sie berühren.

Das gilt nicht für jeden Content, der perfekte Sonnenuntergang gehört definitiv in die andere Kategorie. Aber Eintagsfliegen passen nun mal hier hinein. Wer – ob privat oder geschäftlich – auf Social-Media-Kanälen aktiv ist, kann sich gegebenenfalls daran erinnern, wie es »damals« war, über jeden Post, jeden Tweet, jedes Bild lange nachzudenken. Nach einer gewissen Gewöhnungsphase sind es nur noch ein paar Klicks. Auf die Schnelle und wegen der Frequenz sind Berührungspunkte gar nicht anders machbar. Wer das einsieht, ist einen wichtigen Schritt weiter – und traut sich vielleicht doch, unperfekte und unabgestimmte Inhalte zu posten.

Diese praktisch aus dem Nichts heraus zu erkennen ist schon eine Kunst an sich. Aus solchen belanglosen Puzzleteilen Anspielungen, wiederkehrende Elemente zu machen, die passgenau die Zielgruppe ansprechen und unterhalten, ist redaktionell Gold wert. Ob es um Sportfans, Gamer oder Tierfreunde geht, Foto-Opportunitäten liegen für das geübte Auge öfter herum, als die Vorsichtigen unter uns meinen. Hier eine Hantelstange, dort ein Küken, fertig. Gerade das ist neu und unangenehm: Die Frequenz muss stimmen.

Jetzt mal echt

Was nicht bedeutet, dass man sich – ob als Personenmarke oder Firma – jeden Mist erlauben kann. Man kann sich definitiv die Finger verbrennen, wenn zu viel Dünnsinn gespielt wird; all die Verschwörungsfreunde haben gezeigt, wie hoch der Preis sein kann. Aufmerksamkeit aufgrund negativer oder einfach schlechter Inhalte bringt auf Dauer nicht die gewünschte Community – und damit nichts kaufmännisch Relevantes. Berühren um jeden Preis, aber ohne Sinn und Verstand funktioniert auch wieder nicht, zumindest nicht ohne authentische Intention.

Wer also in einem Unternehmen meint, er selbst sei der Aufgabe nicht gewachsen und sie an jemand anderen im Team abgibt: Ohne Mut geht es genauso wenig wie ohne Vertrauen, Freiheit und Verantwortung. In einem größeren Unternehmen wird ein Mitarbeiter auch erst fröhlich Storys drauflosposten, wenn er sicher sein kann, dass sein Kopf nicht bei jedem zweiten Bild rollt. Hinzu kommt das bekannte Problem, das sich seit einiger Zeit durch die Business-Landschaft zieht – und das Knossi schlicht nicht hat: mangelnde Authentizität.

Nehmen wir an, der Azubi erhält die Garantie, nicht direkt gefeuert zu werden, wenn er sich im Content vergreift. Wenn er mit der Aufgabe, das Unternehmen in den sozialen Medien und damit in der Öffentlichkeit zu repräsentieren, alleingelassen wird, ist das Fake – und wird nicht funktionieren. Gerade auf Social Media ist es kaum möglich, eine Community zu erkaufen oder mit einem falschen Image zu belügen. Wer als Unternehmen an solchen Berührungspunkten keine Freude empfindet, wird sich nicht durchsetzen können. Nicht ernst gemeinte Berührungspunkte sind einfach keine, zumindest sind sie wesentlich weniger wert als echte, unperfekte. Die Leute hören schnell auf, solchen Storys zu folgen, denn es sind zu viele auf dem Markt, um ihr Interesse auf etwas zu lenken, das nicht echt (gemeint) ist. Die Community ist schließlich auch authentisch – und erkennt, wenn ihr Gegenüber es nicht ist.

Dabei geht es gar nicht nur darum, dass konservative Unternehmen hip daherkommen möchten. Es geht auch andersherum. Knossi kann nicht im Anzug und in eloquenten Satzkomplexen versuchen, »spießige« Zielgruppen zu erreichen. Beziehungsweise er kann es versuchen, wird aber wesentlich mehr Chancen haben, wenn er es auf seine klassische und ehrliche Weise tut, ohne sich zu verstellen. So lässt sich schließlich auch mit Keramik hip werden. Und mit der richtigen Frequenz kann man seiner Zielgruppe eine Busfahrt oder das Warten an der Kassenschlange versüßen und dabei das eigene Unternehmen in den Vordergrund rücken. Ständig und immer wieder.

2.
No strings attached

Das ist genau das, was Knossi und Co. so erfolgreich hinbekommen: Sie haben unfassbar viele, extrem häufige Berührungspunkte. Davon mögen viele nicht grandios oder weltbewegend sein, aber sie halten sie im ständigen Kontakt mit ihren Fans, bringen sie regelmäßig an die Oberfläche. Und sie machen ihnen offensichtlich ebenso viel Spaß wie ihren Followern. Es sind nun einmal diese kleinen, aber feinen Momente, die sie aus dem Nichts schöpfen und die sie allgegenwärtig machen.

Es ist auch das, was Sixt richtig macht. Das Unternehmen rutscht jedes Mal wieder in den Vordergrund, wenn ich mal eben einen Roller brauche. Die stellen mir den nicht selbst zur Verfügung, aber sie machen ihn schneller und einfacher zugänglich. Und sollte ich wieder ein Auto für ein paar Stunden benötigen, ist klar, wo ich danach suche. Was hier also stattfindet, ist nicht mehr beschränkt auf einen reinen Kaufabschluss zwischen zwei Parteien. Auch Weitervermittlung, Information oder Unterhaltung zählen als Berührungspunkte. Die Gründe dafür sind aus dem richtigen Blickwinkel und mit dem nötigen Kontext eigentlich erkennbar – und vielleicht sogar logisch, wenn man alle Teile kombiniert.

Ein Puzzlestück für den Wandel der Kunden-Firmen-Beziehungen ist, dass sich Kunden wie Unternehmen geändert haben. Noch in den 1980er- und 1990er-Jahren – das ist also maximal 40 Jahre her – hat eine Firma ein »normales« Produkt in den Handel gebracht und klassisch im Fernsehen beworben. Klar gab es noch das eine oder andere zu tun, aber was die Kundenbeziehung anbelangt, waren gar nicht viel mehr Berührungspunkte nötig. Die Konkurrenz war kleiner, die Produktpalette auch und die Zugänge zu Zielgruppen ohnehin. Grundsätzlich wurden Produkte durch TV-Werbung (und vielleicht noch ein wenig Print) ausreichend an Mann und Frau gebracht.

Heute scheint das Gegenteil der Fall zu sein: Die gute alte Zielgruppe der 14- bis 49-Jährigen ist in der Breite kaum noch erreichbar. Stattdessen bilden sich neue Cluster, die wesentlich kleiner und feiner zu klassifizieren sind. Jetzt haben wir Honig aus dem eigenen Viertel, spezielle Nahrungsergänzungsmittel für Männer über 50, die viel Sport treiben, Geschirr, bei dem es nur Einzelstücke gibt. Und zu all diesen Ideen, Nischen, Produkten natürlich die entsprechende Zielgruppe. Keine davon lässt sich gleichzeitig, am selben Ort oder mit denselben Mitteln erreichen wie eine andere. Fernsehwerbung ist hier keine Lösung, die Streuverluste wären gigantisch.

Welcome to your Nische

Und so avancieren Google, Facebook und Co. zu den relevanten Orten, um Kundschaft zu beglücken, denn sie haben den entscheidenden Vorteil, geradezu unendlich kleinteilig Menschen zu erreichen. Jetzt kann ein Unternehmen vegane Schuhe effizient vermarkten – weil es eben entsprechende

Zielgruppen ganz gezielt ansprechen kann, für sie und mit ihnen eine Community aufbauen kann. Jetzt gibt es diese Bühne für Tausende von Unternehmen, die sich behaupten können. Und ebenso eine Bühne für Kleinstgruppen von Menschen mit Nicht-Mainstream-Interessen. Diese Entwicklung ist ja nicht nur für Unternehmen gut. Werkzeug jeglicher Art für Linkshänder oder Frauenschuhe in Übergrößen gab es früher in ungefähr zwei Läden in der Stadt und dort vier Stück, von Werbung ganz zu schweigen. Heute erhält man online circa 400 000 Suchergebnisse in weniger als einer Sekunde für solche Produkte.

Maßgeschneidert sind nicht mehr nur teure Anzüge, sondern so ziemlich alles, was man sich vorstellen kann. Weil es sich jetzt wirtschaftlich lohnt und kaufmännisch vermarktet werden kann. Das wäre früher – und ohne die Marketingwelt – nicht gegangen. Nischen sind zu kleinen Universen geworden, die ihre eigenen wirtschaftlichen und gesellschaftlichen Strukturen leben können. Und sie haben unsere Welt mit ihrem neuen Nebeneinander verändert: Früher gab es Persil und Lenor überall (auch im Fernsehen) und im Laden noch den grünen Frosch. Jetzt gibt es sie noch immer, aber mit einer ganz anderen Palette an Wettbewerbern – und mit einer ganz anderen Palette an Produkten. Waschmittel für Buntwäsche, Sportwäsche, Allergiker, Babysachen, aus Kastanien, ohne Chemie, zum Selbstmachen, you name it.

Die Auswahl in unseren Warenläden und online explodiert. Es gilt, in dieser Masse durchzukommen und aufzufallen. Für Persil, Müllermilch oder Barbie ist das weniger erfreulich als für neue Produkte, sind doch ihr alteingesessener Status und ihre bisherige Strategie dahin. Für alle jedoch bleibt es eine Herausforderung, denn Kunden freuen sich zwar über solche Sortimente, sie müssen aber die für sie idealen Produkte zum einen erst mal finden können und zum anderen kennenlernen und sich für sie entscheiden, vor allem wieder und wieder entscheiden können. Klar kann man jetzt vereinzelt Werbung schalten und hoffen, dass die Käufer wiederkommen. Bei der gerade beschriebenen Auswahl ist die Wahrscheinlichkeit aber nicht allzu groß – zu schnell liegt ein ähnliches Produkt eines anderen Anbieters auf dem Weg, ob im Regal oder im Netz. Ohne Berührungspunkte, ohne Community-Feeling und positive Erfahrungen: Aus den Augen, aus dem Sinn, die Wiederkäufe verloren.

Wesentlich sinnvoller ist es also, sich als Unternehmen durch mehr als das eigentliche Produkt Gehör bei seiner Zielgruppe zu verschaffen und aus ihr eine Community zu machen. Diese ist erheblich langlebiger, nachhaltiger und damit ökonomisch sinnvoller. Und so gibt es zum Joghurt Gesundheitstipps, zu Staubsaugerbeuteln Ideen zur Wohnzimmergestaltung und zum Honig Rezepte. Für den Anfang, denn weiter geht es zum Beispiel beim Honig aus dem eigenen Viertel mit täglichen Insta-Storys zu den Bienen, YouTube-Videos zur Herstellung, Bienen-Patenschaften auf Facebook und, und, und. Das Ziel dieses Rundumschlags an Service ist nicht, dass jeder Fan und Freund alles davon macht, likt, kauft. Es geht vielmehr darum, in Erinnerung zu bleiben, sich in möglichst viele Lebensbereiche einzubringen und am besten auf allen Kanälen präsent zu sein. In Kontakt zu bleiben eben. Das macht die ganze Sache attraktiver und spannender, für beide Seiten – auch für solche, die man digital nicht unbedingt erwartet. Zum Beispiel Metzger.

Ein Metzgereibetrieb mit intensiver TV-Werbung wäre vor einigen Jahren wohl belächelt worden, allein aufgrund der Streuverluste. Heute ist es für einen Biometzger mehr als smart, sich regelmäßig auf Instagram zu zeigen und dort seine Storys zu posten. Immer und immer wieder. Essen wird so intensiv diskutiert wie noch nie, gerade Fleischkonsum ist in aller Munde. Sich hier ein authentisches Image aufzubauen – auch über Frequenz – und Zusatzinformationen oder Leistungen zu bieten ist sicher ein richtig gutes Rezept, um Wiederkäufe zu generieren.

Gesagt, getan, dachten sich schon 2014 drei Jungs aus Regensburg und eröffneten einen Online-Shop für hochwertige und hochpreisige Fleischprodukte. Das muss man sich mal auf der Zunge zergehen lassen: feinstes Fleisch online bestellen. Really? Ja, und sie machen es gut: Konstante Präsenz auf vielen Kanälen, ein gleichnamiges Restaurant, das seit 20 Jahren bekannt ist, Rezepte, Reisetipps sowie eine eigene Küchenshow auf Sonnenklar.tv und weiterer smarter Zusatzcontent zeigen Wirkung. Allein auf dem Instagram-Account von Kreutzers erfreuen sich 250 000 Follower neuer Bilder und Videos. Die Leidenschaft der Unternehmer für Fleisch ist auf allen Kanälen mehr als erkennbar, hier verstellt sich wirklich niemand. Ihre Identität wird schließlich zur Identifikation der Zielgruppe mit den Protagonisten – und damit zur Medienmarke. Das geht mit Musik, Keramik, Personen selbst, Fleisch. Oder Erdbeeren.

Digitale Erdbeeren

Karls Erdbeerhof kennt mittlerweile nicht nur jeder Berliner, weil die kleinen süßen Erdbeerbüdchen gefühlt an jeder Ecke stehen – und in der Tat sind es bereits 460 Stück. Das Unternehmen zeigt wie Sixt und Amazon richtig gut, wie man mit einem Flywheel arbeiten kann. Vor über 75 Jahren noch bestand das Unternehmen aus Erdbeerfeldern, die Erdbeeren wurden entweder klassisch als solche verkauft oder für über 40 Jahre an Schwartau geliefert. Inzwischen lässt sich sagen, es ist ein Imperium rund um die Erdbeere geworden, mit 150 Millionen Euro Umsatz im Jahr, 1000 festen Mitarbeitern und bis zu 5000 in Erntezeiten.

Spannend ist, dass die Erdbeere noch immer und einzig im Mittelpunkt steht, heute allerdings im Mittelpunkt eines disneylandartigen Konzepts in der norddeutschen Urlaubsregion: Sieben Freizeitparks sind es mittlerweile, zwei richtig große, die Upcycling- und Eis-Hotels laufen, ein weiteres großes Hotelprojekt mit 80 Hektar Land und 100 Millionen Euro Investition kommt hinzu. Besitzer und Geschäftsführer Robert Dahl sieht sich dabei noch immer als Erdbeerbauer, und nachdem die Firma zwischenzeitlich über zwanzig Produkte entwickelt hatte, verstand er auch, warum: Es ist die Identität dieses Familienunternehmens, und das soll auch so bleiben.

Also hieß es nach kleinen Exkursen »back to the roots« und doch alles ganz anders. Denn die Parks sind geblieben, Spaß und Unterhaltung gehören ebenso zur DNA von Karls. Sein Vater hat den Grundstein gelegt, als er in Wimbledon sah, wie sich Erdbeeren verkaufen lassen: originell, sexy, mit Gefühl. So sollten Erdbeerstände aussehen. Dass bei Karls daraus Erlebnisparks geworden sind, hat sich aus den Bedürfnissen von Kunden und der Dahl-Familie entwickelt, es schien ein natürlicher Prozess, die Berührungspunkte auszubauen. Und doch gab es einen Schlüsselmoment, als Robert Dahl 2007 in der Zeitung die Traktorbahn in einem Familienpark sah.

Völlig begeistert fuhr er hin und wusste sofort: Das ist es, das will ich machen. Also wurden 1,5 Millionen Euro in die Hand genommen und ein Jahr später die erste Bahn eröffnet. Während die Parks freien Eintritt gewährten, nahm Robert Dahl trotz anfänglicher Sorge, die Gäste zu vergraulen, zwei Euro für die Traktorbahnfahrten – das Investment war einfach zu hoch, um die Bahn gratis fahren zu lassen. Und siehe da: Auch das war richtig. Ein paar Jahre später hatte jeder der Standorte solch eine Bahn, und die 5,5 Millionen Gäste, die jährlich kommen, sind begeistert, die Community wächst.

Was zunächst vielleicht sehr analog und klassisch anmutet, entpuppt sich bei näherem Hinschauen als enorm smarte und auch digitale Marketingstrategie. Denn es sind nicht nur die Erdbeerverkaufsstände, Parks und Hotels, es sind auch die Maßnahmen online, die konstant Berührungspunkte schaffen. Hier zieht das Unternehmen so ziemlich alle Register, die zu ihm passen. Auf Instagram hat Karls Erdbeerhof April 2021 seine Zahlen trotz Corona-Bedingungen auf über 100 000 Follower gesteigert, bei Facebook kommen noch mal 360 000 dazu. Auf beiden Kanälen schafft Karls ein inniges Ambiente mit hochfrequenten Posts, Storys und Co. Hinzu kommen Newsletter, die sich möglicherweise etwas altbacken anfühlen, aber die Kunden binden. Rund 175 000 Adressen erfreuen sich regelmäßig an News und Infos. In den Corona-Hochphasen waren es mehr als sieben Newsletter wöchentlich, manchmal gar mehrere täglich. Klingt nach Overkill? Mag sein, und tatsächlich sind einige Kunden abgesprungen. Doch Erfolgstracking und Umsatz haben klar gezeigt: Unterm Strich hat der Hof mehr Fans gewonnen als vergrault.

Gerade die Parks waren schließlich bei Jung und Alt beliebt, Updates zu Schließungen wichtig – und der Online-Shop als Alternative zum Park war es ebenso. Auch hier zeigen Robert Dahl und sein Team ihre »digitale Denke« und bauen eine plattformähnliche Struktur auf, die an Amazon erinnert. Biete viel, biete viel umsonst, mache dich unabkömmlich, verkaufe gute Produkte und halte Kontakt, online wie offline.

Mit der nötigen Portion Leidenschaft und Spaß wächst dann ein Unternehmen heran, das gut und gerne eine halbe Milliarde Euro wert ist. Was Robert Dahl aktuell nicht dazu bringt, über einen Verkauf nachzudenken – er macht das doch schließlich aus Spaß. Und richtig gut. Dass sein Vorbild Walt Disney ist, lässt sich schnell nachvollziehen, und auch sein authentisches Interesse an Freizeitparks und Familienspaß wirkt sich positiv auf sein Unternehmen aus, denn so hört er nicht auf, weiter daran zu arbeiten und Neues auszuprobieren, ob personalisierte Videos für Parkgäste, neue Anbauverfahren für seine Erdbeeren, weitere Online-Gimmicks auf Social Media, verrückte Rezepte wie Süßkartoffelpommes mit Erdbeergrütze und Vanilleeis oder weitere Parkattraktionen.

Eine Frage der Nähe

Wie wichtig die Nähe zu einer Community, wie wichtig Berührungspunkte sind, kann man aber auch an einem anderen Beispiel aus der Dienstleistungs- oder Serviceindustrie sehen. Nehmen wir den Kölner Anwalt und heutigen YouTube-Star Christian Solmecke. Vor 20 Jahren war unser Bild von Anwälten wohl gar nicht so weit vom heutigen entfernt, allerdings sicher weit von Christian Solmecke. Trocken, seriös, Anzugträger, ein wenig unnahbar, meist unverständlich, eigentlich ein wenig wie Ärzte: Grundsätzlich reißt man sich bis heute nicht darum, einen zu brauchen. Scheidung, Nachbarschaftsstreit, teure Knöllchen, Arbeitsschutz, also nichts, was Spaß macht, dafür aber umso mehr Geld kostet. Das ändert sich nun ein wenig, auch dank Christian Solmecke. Denn der Mann hat das Anwaltslatein entschärft, übersetzt und zugänglich gemacht – gratis.

Als er vor 12 Jahren sein erstes Video auf YouTube hochlud, folgte zunächst Häme. Seine Frau peinlich berührt, Freunde Bild und Ton belächelnd und alle den Rat in der Tasche: Christian, lass es sein, das ist nichts für Anwälte. Doch er war schon immer ein Spielkind und medienaffin, also startete er ein Jahr später, 2010, den nächsten Versuch, holte sich eine professionelle Ausrüstung, suchte für die breitere Masse interessante juristische Fragen und beantwortete diese in seinen Videos, zweimal die Woche.

Heute hat seine Kanzlei 625 000 Abonnenten auf YouTube, er liefert fast täglich ein Video, seine Kollegen haben mit ihren Themen einen weiteren Kanal, der nicht zufällig der zweiterfolgreichste Jura-Kanal ist. Die Videos erreichen im Schnitt 70 000 Leute, jeden Tag, das sind über zwei Millionen im Monat, die meistgesehenen Videos allein haben rund eine Million Zuschauer. Viel wichtiger allerdings: Sein Kanal generiert jährlich tausend zahlende Neukunden. Vor zehn Jahren hatte seine Kanzlei acht Mitarbeiter, jetzt sind es achtzig. Anwälte verdienen prinzipiell nicht schlecht, aber dank seines YouTube-Erfolgs verdient seine Firma nun Millionen. Sucht jemand einen Anwalt, so fällt vielen direkt Solmecke ein, einfach weil er so präsent ist und täglich Berührungspunkte schafft. Der YouTube-Kanal ist der beste Akquise-Kanal, den er sich nur wünschen kann, so indirckt er auch sein mag.

Sein Durchhaltevermögen hat sich mehr als ausgezahlt, und heute steigen die Zahlen ganz anders als damals. Für die ersten 70 000 Fans hat er sieben Jahre gebraucht, für die nächsten 460 000 gute drei. So ein Sprung passiert, wenn man zur richtigen Zeit am richtigen Ort das richtige Thema anspricht. Bei Christian Solmecke kam der erste, als er seinem Sohn zuliebe ein Video zu »20 Dingen, die Lehrer nicht dürfen (aber trotzdem machen)« drehte. Mit 2,6 Millionen Zuschauern ging das so durch die Decke, dass auch seine Abo-Zahlen rasant stiegen. Ein nächster Sprung folgte, als er das heiß diskutierte Thema Urheberrechtsreform mit dem umstrittenen Artikel 13 aufgriff. Zehntausende Menschen demonstrierten gegen diese Reform, es ging schließlich um die Zukunft unserer Upload-Kultur. Obwohl seine Videos sonst circa zehn Minuten dauern, erlaubte Christian sich hier, eine Stunde lang zu erklären und zu erläutern. Ihm folgten 80 000 bis zum Schluss, insgesamt haben fast 430 000 Menschen das Video geschaut.

Grundsätzlich sind seine Themen oft spannender, als wir Laien meinen könnten, und selbst wenn nicht, versteht er es, aus staubtrockenen Themen kleine Partys zu machen. Und da er auf Medien- und Internetrecht spezialisiert ist, lassen sich schon zahlreiche Fragen abgreifen, die viele interessieren, zum Beispiel zu den Rechten der Polizei oder zu Hausdurchsuchungen. Dies scheint bei Menschen, die potenziell Mist im Internet gebaut haben, weit oben auf der Skala zu stehen. Auf der anderen Seite hat Christian ohnehin kein Problem damit, Follower-Fragen jeglicher Art zu beantworten – und immer wieder Hingucker herauszufischen: Wer zahlt, wenn der Freier im Puff zu früh kommt? Was erst mal mehr als grotesk klingt, wurde an einem deutschen Gericht behandelt, also kann sich auch ein Anwalt auf YouTube damit auseinandersetzen. Findet Christian Solmecke und macht ein Video dazu, das von 1,1 Millionen Menschen gesehen wurde. Treffer. Sein erstes Video handelte übrigens von gefakten Markenklamotten aus dem Urlaub und ob man diese online weiterverkaufen darf. Da wird der eine oder andere selbst noch hellhörig – und der Freier musste übrigens auch bezahlen.

Viele weitere Ideen, Themen und Fragen kommen aus der Community, ein YouTube-Kanal muss schließlich nicht unidirektional sein. Diese Fragen der Fans sind mittlerweile eine eigene Reihe geworden, bei der auch die Community entscheidet, welche spannend genug sind. Oder es läuft noch besser für ihn, etwa als er in einem Video erläuterte, ob man Küchengeräte hacken darf. Er selbst wollte zunächst nur herausfinden, ob es gehackte Rezeptchips für den Thermomix gab, um zusätzliche Kochanleitungen einzuspeisen, und stieß dabei auf eine Hackergruppe, die eine direkte Verbindung zu Chefkoch.de geschaffen hatte. Und die Moral von der Geschichte? Das Video sahen um die 33 000 Zuschauer, und einer wurde Mandant, nämlich Vorwerk, der Hersteller des Thermomix. (Für alle Thermomix-Besitzer: Eigene Rezepte auf einen leeren Chip laden sollte laut Solmecke legal sein, Handel mit gehackten Chips aber definitiv nicht!)

Dass all seine Videos keinen Anwalt vollständig ersetzen, sollte klar sein. Doch viele Wettbewerber waren not amused, als er mehr und mehr Aufmerksamkeit erhielt. Bevor sie nachzogen oder sich zumindest mit der neuen Form der Kundenbeziehungen und -akquise beschäftigten, mahnten sie ihn zigfach ab. Kann ja nicht angehen, dass er all die Geheimnisse der Justitia verschenkt, so macht man keine Geschäfte. Heute sind diverse Anwälte und sogar Großkanzleien online, auch wenn sie noch einiges lernen müssen, was Entertainment anbelangt.

Freie Probe aufs Exempel

Was seine Kollegen zu Beginn beanstandeten, ist eine Methode, die vielfach angewandt wird: nämlich etwas umsonst anzubieten. Das sind meist Dienstleistungen, Services und Wissen, doch die sind auch heute grundsätzlich sehr viel wert, siehe Christians Erfolg und den Frust seiner Kollegen.

Die »Geheimhaltung« hatte lange ihre Berechtigung allein in Patenten und wird deshalb noch immer von vielen gewahrt. In Zeiten von Open Source, Berührungspunkten und neuen Kundenbeziehungen kann die Freigabe »geheimen« Wissens allerdings wesentlich lukrativer sein. Und so fliegen uns Kunden die Freebies nur so um Ohren. Whitepapers, Workshops, How-to-Videos sind Klassiker, doch ebenso die kostenlosen Einsteigermodelle von vielen digitalen Produkten: Das kleine Anti-Viren-Paket, der Zoom-Basic-Account, Amazon ohne Prime, kleine Cloud-Spaces und vieles mehr sind umsonst. For free, trotz anfallender Kosten für die Unternehmen. Die Idee dahinter ist einfach: Kundenakquise für die kostenpflichtigen Produkte und Service für eine lange Bindung. Dass wir auf der anderen Seite Werbekunden haben, die das finanzieren, um schließlich auch an dem Treiben teilhaben zu können, spielt im Gesamtgefüge eine Rolle, für die meisten Kunden allerdings weniger. Denn sie profitieren von einer anderen Seite dieser Entwicklungen, nämlich den ständig optimierten Produkten. Auch das war nicht immer so.

Wenn Unternehmen früher Give-aways hatten, waren das oft billige Kugelschreiber mit eigenem Logo oder sonstige mehr oder weniger nützliche, selten aber hochwertige oder überzeugende Produkte. Das Entscheidende war, den Markennamen zu streuen. Heute funktionieren die Freemium-Modelle anders: Zum einen sind die kostenfreien Produkte und Angebote kleiner und mit weniger Gimmicks versehen, aber meist richtig gut. Zum anderen sind viele Services zu Beginn kostenlos und werden dann zahlungspflichtig – allerdings ohne Knebelvertrag. Und auch das ist nur möglich mit wirklich überzeugenden Produkten. Firmen aus der alten Welt könnten nun meinen, das sei doch ein problematischer Wandel, wenn Kunden das Produkt for free so lange ausnutzen, bis es etwas kostet, und dann abspringen. Das passiert hier und da natürlich auch, damit müssen klassisch denkende Unternehmen ebenso leben wie die jungen digitalen.

Wichtiger ist jedoch, dass der Zugang zu einem Produkt so niedrigschwellig wie möglich ist. Einmal erlebt, werden die meisten Kunden bleiben, so die Devise. Die Ergebnisse geben ihnen recht, das Modell funktioniert, das authentische Vertrauen in die eigene Firma überzeugt. Deswegen darf auch der Zugang zum Produkt niemals eine positive Produkterfahrung verhindern. Dazu passt perfekt, dass in der heutigen Welt beinahe alles versandkostenfrei ist.

Der Ursprung dieser Freemium-Modelle liegt im freien Internet und seinen bereits genannten Giganten (außer Apples iPhones), die uns schon immer alles umsonst anbieten: Suchmaschinen, Plattformen, Wikipedia, aber auch Vergleichsseiten und eine Unmenge an weiterem Wissen und Informationen. Alles erst mal kostenfrei und so mit einer herrlich niedrigen Eintrittsschwelle versehen, dass Unmengen an Konsumenten diese Angebote nutzen. Das Internet hätte sich kaum so schnell und durchdringend entwickeln können ohne dieses Modell. Dennoch lässt es sich nicht auf jedes Produkt umlegen, schließlich stellt man eine App oder eine Seite nur einmal her, Schuhe oder Smartphones hingegen nicht. Und doch hat das Freemium-Denken andere, haptische Handelsbereiche beeinflusst.

100 Nächte schlafen

Auf der Liebe zum eigenen Produkt in Kombination mit richtig guten Berührungspunkten lassen sich Geschäftsideen aufbauen, wie beispielsweise Bett1 gezeigt hat. Dabei hat es zwar keine Betten verschenkt, aber den Käufern einen bislang unbekannten Vertrauensvorschuss gegeben. Unternehmen im Bettenverkauf hatten nämlich lange Zeit ein Problem – bei ihrem ganz reellen Berührungspunkt: ihren Läden. Seit gefühlt unendlich vielen Jahren sollen Kunden ein so essenzielles Möbelstück wie ihr Bett testen. Im Laden, in Jeans und vor anderen wildfremden Menschen sollten wir »mal eben« bestimmen, ob die eine oder die andere Matratze dazu geeignet ist, uns gesund, ruhig und lange schlafen zu lassen. Sorry, aber das hat noch nie geklappt, bei niemandem. Und doch funktionierte diese Branche einfach fröhlich so weiter. Geschlafen wird schließlich immer – und was soll man sonst machen. Doch jetzt wird die Matratze von Bett1 eben für 100 Tage zu uns nach Hause geliefert, damit wir sie so ausprobieren können, wie es sich gehört: echtes Probeschlafen, über Nacht, im Pyjama. Und da Unternehmen wie Bett1, Emma oder Caspar überzeugt von ihren Produkten sind, haben sie kein Problem damit, gewissermaßen in Vorleistung zu gehen – die Leute werden schon vom Produkt überzeugt sein und es nicht retournieren. Damit hatten Matratzen-Concord und andere klassische Bettenläden nicht gerechnet.

Doch mit den ersten Start-ups in dem Bereich kamen viele weitere. Sie übernahmen sich bei den Werbeausgaben, überboten sich mit Niedrigpreisen – und unterschätzten, wie oft so eine Matratze tatsächlich gekauft wird: alle sieben Jahre etwa. Beste Berührungspunkte hin oder her, nach sechs bis zehn Jahren hast du sie vergessen, oder die Unternehmen müssen sehr viele Ideen und Services haben, um dich so lange bei der Stange zu halten. In den nächsten Jahren wird sich also sicher noch einiges tun, Schlafen ist und bleibt ein hochrelevantes Thema mit vielen Potenzialen.

So oder so, alle Start-ups bieten ihre Matratzen für 100 Tage zum Probeschlafen an und zeigen damit, dass sie Service großschreiben, von ihren Produkten überzeugt sind – und natürlich auch ahnen, dass die wenigsten Käufer Lust haben, nach 99 Tagen eine Matratze einzupacken und abholen zu lassen.

Plattform, sweet Plattform

Diese Idee liegt heutzutage eigentlich allem zugrunde: Mach dich unabkömmlich, werde zur ersten Anlaufstelle für ein Produkt, ein Thema, einen Service. Oder auf Digitaldeutsch formuliert: Etabliere dich als Plattform. Und genau das versuchen gerade zig Firmen. Doch trivial ist so ein Vorhaben nicht.

Vorab: Unternehmen müssen dafür nicht zwingend Monopolisten sein, auch wenn die großen Plattformen, die uns als Erstes in den Kopf kommen, solche sein mögen. Es geht in erster Linie darum, sich unersetzlich zu machen, indem man als entscheidende Schnittstelle alle relevanten Akteure eines Markts zusammenbringt, also Angebot und Nachfrage, aber gern auch alles drum herum von Logistik zu Service, Beratung und verwandten Angeboten. Sixt befindet sich weder in einer echten Nische noch regiert es ein Monopol, ist aber dennoch auf dem Weg, sich als Plattform zu etablieren. Wie gesagt, das Flywheel dreht sich schon recht ansehnlich, in den nächsten Schritten könnten weitere Services hinzukommen, vielleicht eine Austauschfunktion als Chat, Diskussionsrunden rund um die Themen Auto, Mobilität, Urban Life oder vieles mehr.

Viel tiefer in seiner Nische liegt das Thema Whisky: Familie Lüning hat sich einen starken Platz als Plattform erarbeitet, bei der sich alles um Whisky dreht. Seit fast 30 Jahren steuern sie darauf hin, betreiben die Seite Whisky.de, haben heute fast 64 000 Abonnenten auf ihrem YouTube-Channel und fast 40 Millionen Aufrufe, eine Facebook-Gruppe mit über 10 000 Mitgliedern und eine Webseite, die im Schnitt mehr als 650 000 Visits im Monat hat. Wer der Community für 60 Euro jährlich beitritt, erhält Rabatte – und eine Flasche Whisky. Freebies gibt es ohnehin reichlich, hinzu kommen noch Newsletter, Kataloge, Blog, Forum, Bücher und eine Datenbank. Das Forum lässt regelmäßig aktive und kommunikationsfreudige Nutzer zusammenkommen und sich austauschen, die Videos auf YouTube bringen neuen Gesprächsstoff, der Shop neuen Whisky. Das System funktioniert, denn niemand will hier so schnell raus. Dank dieser Plattform müssen die Kunden beziehungsweise Fans nicht mehr im Supermarkt ohne professionelle Unterstützung oder in abgelegenen Spezialläden ihrem Hobby frönen, sind selten allein beim Genießen und können ihr Wissen teilen.

Ein deutsches Milliarden-Beispiel in der Musik- und Audiobranche ist Thomann, das seit Jahren für seinen Erfolg im Aufbau seiner Plattform gelobt wird. Mit seinen Eigenmarken, seinem Know-how, der Erfahrung und Produktauswahl steht das Unternehmen bei Musikinstrumenten und Audiotechnik an vorderster Front und fürchtet weder Saturn noch Amazon. Mittlerweile macht Thomann 96 Prozent seines Milliarden-Umsatzes online, ist europäischer Marktführer und seine Community nischig, aber nicht klein. Die besondere Stärke sind hilfreiche Bewertungen von Musikinstrumenten, die nicht nur aus Sternchen und »Fand ich super …«, sondern aus seitenlangen, detaillierten und hochprofessionellen Erläuterungen, Tipps und Hilfestellungen bestehen. Daraus entstehen wiederum hochkarätige Diskussionen unter Fachleuten. Der Wert dieser Anlaufstelle ist für die Nutzer am Ende genauso hoch wie für die Betreiber – das ist Plattformökonomie vom Feinsten.

Es dürfte viele überraschen, dass sich mit Whisky oder Audio-Equipment eine Plattform hochziehen lässt. Auch wenn Amazon mit Büchern begonnen hat, ist es heute ein riesiges Warenhaus mit so ziemlich allem im Angebot. Ebenso klassisch scheinen Social Media wie YouTube, Facebook und Instagram als Plattformen zu gelten. Aber es gibt noch jede Menge andere, zum Beispiel Plattformen für die Stahlindustrie, für Software, die Agrarindustrie oder Sport.

Auch Zahnärzte könnten digital eine Plattform hochziehen. Ihr Thema ist auf den ersten Blick zwar nicht einladend, aber auf jeden Fall lukrativ, unumgänglich und heutzutage ein bisschen der Lifestyle- und Schönheitsbranche zugehörig. Das kann funktionieren, wenn man das Thema richtig aufgreift, seine Community dort packt, wo es sich für beide Seiten lohnt, und die lokale Begrenzung einkalkuliert, ähnlich wie Anwalt Christian Solmecke es getan hat. Viele Zahnärzte haben schon lange verstanden, dass Implantate, professionelle Zahnreinigung und Bleaching ertragreicher sind als Kassenleistungen. Parallel legen immer mehr Menschen Wert auf ihre Zähne, auch als Schmuck und Aushängeschild, sodass sie durchaus bereit sind zu investieren. Wer hier die erste Adresse wird, um Informationen, News und Services zu erhalten, kann sich als Plattform etablieren. Videos zu effektivem Zähneputzen, Nutzung von Zahnseide, richtig Putzen für Kinder oder Vor- und Nachteile von Home-Bleaching schaffen Vertrauen und Freude, da sie wahren Nutzen bringen – und damit entscheidende Faktoren, wenn man doch zum Zahnarzt muss. Zudem hätte man einen weiteren wirklich unangenehmen Berührungspunkt mit vielen hilfreichen und schmerzfreien verbunden.

Im Hinterhof

Es gab beziehungsweise gibt neben Zahnarztstuhl und Bettenladen noch weitere richtig schlechte Berührungspunkte. Getränkeläden sind als Beispiel recht anschaulich, weil jeder sie kennt und schnell nachvollziehen kann, worum es geht. Vergleichbar (oft manchmal auch Tür an Tür) mit den alten Sixt-Häuschen waren Getränkeläden zunächst meist etwas außerhalb im Industriegebiet oder am Stadtrand gelegen, was zu Umwegen und ersten Unbequemlichkeiten führt. Weiter ging es mit dem Laden selbst: In den meist kalten Hallen hat man sich nie wirklich wohlgefühlt und ist entsprechend nie länger als nötig geblieben. Die Preise waren vielleicht etwas niedriger als im Supermarkt, aber das allein hat immer seltener gereicht, denn es war alles andere als ein Erlebnis, dort Getränke zu kaufen. Auch die oft abgefahrene Auswahl an weiteren Produkten wie Schokolade, Moskitonetz oder Reinigungsmittel ließ einen eher verwirrt als kauffreudig zurück. Der letzte Vorteil, dass man meist für alle Familienmitglieder und Gäste alle Getränkesorten bekommen hat, hielt sich auch nicht lange, dafür waren große Supermärkte mit eigenem Getränkemarkt in Kombination mit Online-Shops schnell zu stark, gefolgt von Flaschenpost mit seinem Zwei-Stunden-Versprechen. Kurz: In diesen Läden fehlte schließlich alles, vom bequemen Einkauf über Schnäppchen bis zu authentischem Kundenservice und Community-Building. So will niemand mehr berührt werden.

3.

Ein Abo, sie alle zu binden

All die bislang genannten Beispiele zeigen sehr variantenreich, dass Berührungspunkte der Versuch sind, Kunden nicht nur an ein Unternehmen zu binden, sondern sie zu echten Fans zu machen, damit sie sozusagen nicht mehr gehalten werden müssen, sondern freiwillig bleiben. Frequenz spielt hierbei ohne Zweifel eine entscheidende Rolle. Doch es gibt noch eine andere Variante dieses Spiels, nämlich die eines einzigen Berührungspunktes – der unendlich lange läuft. Willkommen in der Subscription-Economy, oder kurz, in der Abo-Welt.

Ein Abonnement ist tatsächlich so ein unendlich langer Berührungspunkt. Zudem macht er als Produkt aus sich selbst heraus Marketing, auch das ein kaufmännisch nicht zu unterschätzender Pluspunkt. Diese Business-Mechanik hat sich aus der Not heraus entwickelt, ständig Kunden gewinnen zu müssen. Die Kosten für Neukunden sind einfach zu hoch, der Wettbewerb, die Auswahl zu groß, die Kanäle so viele. Jeder Kunde muss aufs Neue auf den digitalen Plattformen ersteigert werden, das rechnet sich auf Dauer nicht, nicht für jeden Kauf. Natürlich sind Berührungspunkte eine mögliche Lösung: Halte jeden Kunden so gut wie möglich bei dir, erschaffe ein Flywheel, mit dem es dir gelingt, diese Kunden mit zusätzlichem Input zu begeistern, sodass sie gar nicht erst verschwinden. Eine andere Möglichkeit – die beste eigentlich – ist, ein Produkt zu bauen, das so gut ist, dass die Kunden ohne weiteres Zutun immer wiederkommen. Die Idee funktioniert, bedeutet aber auch, dass man sein Produkt und damit sein Unternehmen dem Wettbewerb ungeschützt aussetzt. Das eigene Produkt kann noch so genial sein, ein anderes Unternehmen erschafft vielleicht ein ähnliches oder sogar noch besseres.

Die Abo-Lösung versucht, dieser Sorge und Unsicherheit entgegenzuwirken, indem sie das richtig gute Produkt – und das muss es unbedingt bleiben – nicht verkauft, sondern sozusagen vermietet. Die Idee ist grundsätzlich recht alt, wurde aber in der heutigen digitalen Wirtschaftswelt recycelt. Abos kennen wir schon lange, dennoch war das früher eine klare Nischenerscheinung. Eine TV-Zeitschrift hier, der ADAC dort, fertig. Heute kann fast jeder von uns ohne zu zögern vier bis zehn Abos benennen, die er selbst hat – und dabei mindestens drei vergessen. Netflix, Spotify, Sky, Fitness-App, Dropbox, Amazon Prime und so weiter. Das allein sind die mittlerweile üblichen Verdächtigen. Hinzu kommen noch ganz andere. Jetzt lassen wir uns über ein Abo Gemüse nach Hause liefern, HelloFresh machte es vor, zig regionale und lokale Gemüsehändler zogen nach. Autos, Software, es lässt sich fast jedes Produkt im Abo anbieten.

Die Evolution des Abos

Die Wirtschaft hat das Modell wiederentdeckt, nur eben cool und lukrativ für beide Seiten. Denn es hatten nicht nur Zeitschriften und der ADAC schon lange Zeit dieses Modell.

Bill Gates war in den 1980er-Jahren so clever, IBM nicht nur einmalig seine Software anzubieten, sondern langlebige Lizenzverträge mit ihnen zu machen. Er hat damit diese Abo-Lawine nicht unbedingt angestoßen, hier sind viele Aspekte im Spiel, aber allzu sehr verwundert es wohl niemanden, dass er diesen schlauen Schritt tat.

Auch Fitnessstudios und Mobilfunkanbieter verfolgten ähnliche Modelle, allerdings funktionieren das System und die »Bindungsmethoden« bei diesen beiden so fundamental anders, dass es schwerfällt, sie hier einzureihen. Beim Handyvertrag fühlte man sich schon immer ein wenig geknebelt, allein weil es üblicherweise 24 Monate sind, in denen man nichts ändern oder kündigen kann beziehungsweise konnte. Bei Fitnessstudios sieht es ganz ähnlich aus, selbst heute noch.

Beim Mobilfunk haben die Unternehmen – die bis dato erfolgreich sind, keine Frage – dieses Modell als Tarife verstanden. Dass sie Abos verkaufen, schien niemandem klar oder relevant zu sein, und damals war es das auch nicht. Die Fitnessstudios wiederum folgten eher dem sporttypischen Motiv der Vereine: Mitglieder haben. Somit kommen beide aus der analogen, aus der alten Welt, hatten ganz andere Grundgedanken und Antriebe im Kopf – und haben das Abo-Modell gewählt, um den Kunden zu fesseln, also das Gegenteil von »100 Tage Ausprobieren«. Möglicherweise haben diese Unternehmen einfach Sorge, dass ihre Produkte nicht liefern. Heute geht es um Subscriber, die freiwillig kommen, um zu bleiben. Und es geht um Unternehmen, bei denen Liebe und Überzeugung beim eigenen Produkt und Vertrauen beim Kunden zählen.

Bei Fitnessstudios ist übrigens anzunehmen, dass sie die alte Welt bald verlassen werden und sich eine neue Struktur entwickelt. Der Wettbewerb ist gewachsen – und die Zielgruppen lassen sich jetzt spezifischer ansprechen, sodass die Studios nicht mehr junge Menschen, die wirklich pumpen wollen und Muckibuden suchen, mit Omis gemeinsam in eine Halle stecken und unter einen Hut kriegen müssen. Vielleicht werden sie sich in Zukunft verstärkt auf nur eine dieser Gruppen konzentrieren und diese dann so maßgeschneidert bedienen, dass sie nicht mehr geknebelt, sondern gewonnen und begeistert werden. In diesem Fall würde die monatlich mögliche Kündigung wohl ungefähr so oft genutzt wie bei Netflix, also selten, aber jederzeit freiwillig. Dennoch ist das boomende Abo-Modell kein wirkliches Erbe dieser beiden Branchen, sondern eine Entwicklung der neuen Welt.

Berechenbar für beide Seiten

Diese Entwicklung entspringt erneut dem Marketing und der digitalen Wirtschaft, das Geschäftsmodell wird für viele Branchen zwingend werden, um die hohen Kosten der Kundenakquise gegenfinanzieren zu können. Und vielleicht ist es gar nicht so schlimm, wenn das passiert. Denn es ist nicht so, dass nur Unternehmen von diesem Modell profitieren und die armen Kunden übers Ohr hauen.

Für Unternehmen sind Abos so wertvoll, weil sie Kunden effizient halten können und alles wesentlich berechenbarer wird, Druck und Sorgen sich minimieren. Ohne dass sie nur auf die Kunden übertragen wurden, eigentlich sogar ganz im Gegenteil. Die Digitalisierung erlaubt uns, die Massen an Daten und Zahlen so zu nutzen, dass wir auch ohne Knebel-Abos berechnen können, was sich wie wann rechnet. Wenn ich meine Produkte auf dem Wochenmarkt verkaufe, hängt mein Erfolg nicht nur von der Frische meiner Gemüsesorten ab, sondern zu einem nicht zu unterschätzenden Teil vom

Wetter, von parallel laufenden Events und vom Wettbewerb. Wenn ich jedoch mit einer gewissen Anzahl von Kunden den Deal geschlossen habe, dass sie jeden Mittwoch bestimmte Produkte in festen Mengen zu einem Fixpreis erhalten, kann ich zum einen mit ihnen rechnen, zum anderen meine Ausgaben, Einnahmen und Gewinne kalkulieren, und zwar wesentlich besser als zuvor. Gleichzeitig muss ich diese Kunden nicht mehr mit Schreien, Winken und verrückten Angeboten locken, was für beide Seiten angenehmer wird. Klick, da ist die Convenience, gefolgt von steigender Identifikation. Selbstverständlich muss mein Gemüse – oder meine Filme, meine Software, mein Programm – immer noch richtig gut sein, wie gesagt, das ist ein absolutes Muss.

Oh Netflix, mein Netflix!

Für Abonnenten wird so vieles einfacher, bequemer, schneller, besser. Natürlich gehört es dazu, sich zu überlegen, was man da kauft – wir geben bei jedem Abo noch immer Geld aus, und so träge, wie wir sind, lassen wir zigfach Abos einfach weiterlaufen, auch wenn wir sie nicht nutzen. Und kündigen könnten, denn die altbekannten Knebelstrukturen finden sich hier ja kaum. Bei Netflix und Co. können wir problemlos einen anderen Tarif nutzen oder gar kündigen, von Monat zu Monat sofort umsetzbar. Der Streaming-Dienst ist das Paradebeispiel schlechthin für dieses Geschäftsmodell. Unfassbar einfach und bequem passt er so gut in unsere Zeit wie Amazon oder Google. Lineares Fernsehen tut es nicht, ebenso wenig wie TV-Werbung oder das ewige Warten auf die nächste Folge der Lieblingsserie. Oder aufwendige Verträge, lange Fristen, analoge Unterschriften, zig Verifizierungen. Soweit ich weiß, sind es weniger als acht

Klicks, bis man ein Netflix-Abo besitzt, und etwa sechs, um es wieder loszuwerden.

Die Zahlen geben dem Unternehmen recht mit seinem Weg. Als die beiden Gründer 1997 begannen, ging es zunächst analog zu: Die Online-Videothek verschickte DVDs an ihre Kunden. Zu Beginn noch mit Festpreisen pro DVD, erkannten sie schon 1999, dass es sich mehr rechnete, für einen monatlichen Festpreis alle Filme freizugeben. Nach ihrem Börsengang 2002 und dem Versand einer Million DVDs täglich ein Jahr später folgten 2007 Videos-on-Demand. Damit war der Streaming-Dienst kaum mehr aufzuhalten und machte nach seiner Internationalisierung 2014 eine Milliarde US-Dollar Umsatz. Heute ist Netflix in über 140 Ländern verfügbar, hat über 200 Millionen Abonnenten und 2020 circa 25 Milliarden US-Dollar Umsatz gemacht. Spannender ist allerdings, dass das Abo als Geschäftsmodell Netflix erlaubt hat, kräftig und sicher zu investieren und damit erheblich zu wachsen. Die Eigenproduktionen waren von Beginn an hochkarätig besetzt, in bester Qualität und mit den ganz Großen der Filmbranche im Wettbewerb. Dieses Investment war möglich trotz der sechs Klicks zur Kündigung – wahrscheinlicher allerdings ist, dass es das aufgrund dessen war.

In den nächsten Jahren werden sicher noch viele weitere Bereiche das Abo-Modell umsetzen, und wahrscheinlich werden so einige dabei sein, auf die wir jetzt noch gar nicht kommen. Vielleicht aber werden wir rückblickend sagen, dass es eine logische Konsequenz des großen Ganzen war.

4.
Schmetterlingseffekte

Es ist nicht immer einfach zu erklären, welche grundlegenden Änderungen die neue Welt mit sich bringt, was damit zusammenhängt oder warum manche Unternehmen den Sprung dorthin schaffen, andere aber nicht. An konkreten Beispielen lässt sich jedoch recht anschaulich zeigen, welche Fundamente wie erschüttert werden – und wie man sich neue aufbaut, um diesen Quantensprung der Wirtschaftswelt zu überstehen. Beginnen wir doch mit der Molkerei Alois Müller GmbH & Co. KG, dank seiner Müllermilch besser bekannt als Müller.

Alles Müller, oder was?

Müller ist ein Konzern in Familienhand, der 1896 mit einer Molkerei in Bayern begann und sich zu einer international tätigen Unternehmensgruppe unter anderem mit Feinkost, Vertriebslogistik und Fahrzeugtechnik mit 24 000 Mitarbeitern mauserte. Die Geschichte klingt so genial, wie sie ist, denn Müller ist nicht nur die größte Molkerei Deutschlands geworden, sie zählt auch zu den drei größten der Welt und hat einen jährlichen Umsatz von weit über 5 Milliarden Euro. Der Clou: Das Unternehmen hatte bereits 1974 Fernsehwerbung für sich entdeckt und mit weltberühmten Stars für viel Aufmerksamkeit gesorgt. Von der Fußballnationalmannschaft über *Lindenstraße*-Stars bis zu J.R. aus *Dallas* warben Berühmtheiten für Müller und brannten sich in die Köpfe der Zuschauer. Entsprechend waren die Produkte jedem vertraut, besonders die viel beworbene Müllermilch oder der Milchreis mit dem kleinen Hunger. Und das sind nur die bekanntesten, denn tatsächlich waren Müllers Innovationsfreude und Produktvielfalt einzigartig. Molkerei- und Frischmilchprodukte waren seinerzeit noch nicht dem Wettbewerbsdruck ausgesetzt, den wir auf dem heutigen Markt finden – und TV-Werbung konnte sich damals nur Ehrmann als direkter Wettbewerber leisten.

Die TV-Werbung war vor allem für die Mainstream-Produkte in den 1970er- bis weit in die 2000er-Jahre der Berührungspunkt schlechthin und das Geschäftsmodell von Müller von diesem abhängig. Fernsehen stellte mit Abstand das größte Tor zu seinen Kunden dar: Die breit gefasste Zielgruppe passte perfekt zum Zuschauerdurchschnitt, die Kosten für die Werbezeiten rentierten sich, und die Rabatte waren bei der Masse an geschalteten Spots lohnend, für Müller ebenso wie für die TV-Sender. Mit so viel Präsenz war es in dieser Zeit fast schon logisch, in den Regalen der Supermärkte sofort ins Auge und in den Einkaufswagen zu fallen. Die Märkte waren aufgrund des Bekanntheitsgrads solcher Marken und Produkte geradezu gezwungen, sie im Sortiment zu haben, so ein Geschäft ließ man sich nicht entgehen. Eigenmarken waren damals ohnehin noch nicht so relevant und die restliche Konkurrenz überschaubar. Alle haben profitiert und ihre Geschäftsmodelle in diesem Zusammenspiel eingefügt. So weit, so gut.

YouTube killed Müllermilch?

Mit der Digitalisierung wandelte sich jedoch das Marketing grundlegend. Es kamen diverse Herausforderungen auf alte Geschäftsmodelle zu, die sich nicht durch Nachjustierungen »mal eben so« auffangen ließen. Wenn allein die TV-Werbung als wichtiger Pfeiler des eigenen Modells wegbricht und sich noch dazu die gesamten Strukturen rund um Wettbewerb, Zielgruppen und Kunden ändern, erzittert selbst der stärkste Konzern. Das gilt für RTL und Pro7, aber eben auch für die Unternehmen, die Werbespots schalteten und damit ins Zentrum ihres Modells stellten. So haben sie es in »der alten Welt« geschafft, sich regelmäßig und konstant in die Köpfe der Menschen zu bringen, wurden dann in den Supermärkten wiedererkannt und schließlich gekauft.

Mit der schwindenden Relevanz von Fernsehwerbung passiert es nun immer häufiger, dass potenzielle Kunden eben nicht mehr Müller im Regal suchen und kaufen. Das liegt zum einen daran, dass weniger (oder gar nicht) ferngesehen wird und der Berührungspunkt somit nicht mit der Wucht greifen kann wie zuvor. Immer mehr Menschen kennen Müller vielleicht gar nicht mehr, zumindest nicht so, wie die TV-Generationen den »kleinen Hunger« kannten und diesen klar mit der Marke assoziierten. Zum anderen liegt es aber an der neuen Marktsituation. Jetzt sind die Regale mit fast ebenso vielen Markennamen wie Produkten bestückt. Der Wettbewerb ist gewachsen und stärker geworden, der eigene Markenname sticht nun nicht mehr so hervor und nimmt auch nicht mehr das halbe Regal ein. Dieser Auswahl stehen heute Konsumentengruppen gegenüber, die sich schneller bewegen und viel schneller bereit sind, einer etablierten Marke untreu zu werden, etwas Neues auszuprobieren oder einfach mehr nach Lust und Laune zu kaufen. Loyalität hat einen neuen Wert und will ständig erarbeitet, verdient werden. Zwar noch immer mit Berührungspunkten, aber anderen als TV-Spots.

Die große Frage lautet bei Müller also seit vielen Jahren: Wie kriegen wir neue Berührungspunkte, um die alten zu kompensieren? Und wo? Werden es Facebook, YouTube oder TikTok, bleiben es Fernsehen und Radio? Wie lässt sich der Verlust der Reichweiten auffangen, die vorher über TV-Werbung aufgebaut wurden? Und wie soll man mit dem ganzen Nischenwettbewerb umgehen, der eine Spezialmilch hier und die nächste dort zur Schau stellt?

Es mag etwas überzogen klingen, doch so oder so ähnlich stehen Führungsriegen von Unternehmen aktuell da, wenn ihr Geschäftsmodell aus der alten Welt nicht mehr greift. Bei Müller lief alles gut und sicher – und Fernsehen ist noch nicht tot, wird es vielleicht nie sein. Das ist aber nicht der entscheidende Punkt, nicht allein. Ansonsten hätte Müller »einfach« zu YouTube und Co. gehen und dort digitales Marketing machen können. Kann es aber nicht, zumindest nicht, ohne sein Modell grundlegend zu ändern, denn der Wechsel vom TV zu Social Media ist komplex, und die Logik hinter diesen Medien ist eine ganz andere, auch wenn es auf den ersten Blick nicht so erscheinen mag.

Modellchen, wechsel dich

Die Situation von Müller lässt sich für ein besseres Verständnis mit der von Fluggesellschaften oder Konzertveranstaltern in der Corona-Krise vergleichen. Ihnen konnte man nicht – wie Firmen mit diversen anderen Geschäftsmodellen – sagen: »Seid kreativ und macht das doch irgendwie digital!« Ein Online-Konzert kann man mal machen, klar, einen Flieger zum Restaurant umbauen vielleicht auch noch, das hat aber alles nichts mit dem eigentlichen Modell zu tun – und bringt auch bei Weitem nicht so viel Geld ein, wenn überhaupt. Es ist also absurd, von solchen Branchen in solchen Situationen zu erwarten, dass sie den Wandel »einfach mal« mitgehen. Müller und viele andere Unternehmen beziehungsweise Branchen stehen seit einiger Zeit an einem ähnlichen Scheideweg, die Ursachen dafür sind nur nicht so deutlich wie ein Flugverbot für Airlines.

Müller lebte davon, über einen Hauptberührungspunkt mit großer Reichweite seine Produkte an die breite Masse zu bringen und in allen relevanten Supermärkten gut platziert verkauft zu werden. Seinen Berührungspunkt hatte das Unternehmen sozusagen exklusiv, der Wettbewerb, der sich das leisten konnte, war überschaubar. Mit der Logik der neuen Welt fallen all diese Aspekte durchs Raster. Hier geht es weder um breite Massen und unscharfe Zielgruppen noch um mehr Geld für beste Sendeplätze. Jetzt sind die digitalen Plattformen ideal dafür gerüstet, zielgenau selbst kleinste Gruppen von Menschen anzusprechen. Was grundsätzlich für viele Unternehmen eine feine Sache ist, interessiert Müller in seinem Modell nicht. Es bedürfte nämlich einer gewaltigen Anstrengung, die Produktauswahl und das Marketing so umzustellen, dass – rein fiktiv – sportliche Frauen Mitte 30, Kinder auf dem Land im Grundschulalter und Rentner mit Gourmetneigung als individuelle Zielgruppen individuell verkostet und an unterschiedlichen Berührungspunkten unterschiedlich angesprochen werden.

Doch das ist noch nicht alles, denn selbst wenn Müller bereit wäre, statt einer grob skizzierten Zielgruppe zig kleine Spezialgruppen anzusprechen, kann es nicht mal eben sein Geld aus der TV-Werbung nehmen und YouTube oder

Facebook geben, um exakt das zu erreichen, was es beim Fernsehen erhielt. Jetzt müssen die Zielgruppen minutiös angesprochen und in Auktionsverfahren bei den großen Digitalplattformen ersteigert werden. Dabei spielt natürlich auch weiterhin Geld eine Rolle, aber anders als zuvor, denn weder gibt es Rabatte auf Großmengen, noch können sich Unternehmen mit besonders viel Geld solche Vorteile verschaffen wie im Fernsehen. Letzteres lässt sich allein daran erkennen, dass sich früher gefühlt vielleicht hundert Unternehmen Werbespots im Fernsehen leisteten, während heute Hunderttausende Online-Werbung schalten. Und das mit Erfolg – weil das Auktionssystem vollkommen anders funktioniert.

Facebook, Google und YouTube interessiert es nicht, wie viel Geld du auf den Tisch legen kannst, um zur Primetime zu erscheinen – abgesehen davon, dass es diese eine Primetime für alle nicht mehr gibt. Es geht ihnen darum, spezifischen Zielgruppen das anzubieten, was sie am ehesten interessiert, sodass der Erfolg also am wahrscheinlichsten ist. Da unsere Aufmerksamkeit noch immer begrenzt ist, aber Massen an Angeboten vorliegen, wird jede Sekunde hart umkämpft.

Für Müller ist das neu. Das Unternehmen muss nun einzelne Kontakte in der digitalen Welt ersteigern. Es kann nicht einfach einen Spot auf die gesamte Facebook-Community schießen, selbst wenn es sich die Streuverluste anfänglich leisten könnte. Es muss sich gezielt und dezidiert Zielgruppen suchen – und dann um den heiß begehrten Kontakt mitbieten. Hier kommt die nächste Herausforderung ins Spiel: der neue Wettbewerb. Bei jeder Auktion steigern nämlich nicht (nur) andere Milchproduzenten mit, sondern potenziell alle, die dort Werbung schalten wollen. Für jedes Unternehmen hat so ein Kontakt aber einen anderen Stellenwert, und damit lautet die große Frage des Marketings: Wie viel ist ein Kundenkontakt wert? Einem Unternehmen, das zum Beispiel Seminare, Autos oder teure Uhren verkauft, wird er mehr Geld wert sein als solchen, die Ein-Euro-Produkte verkaufen. Und doch bieten sie alle gleichermaßen mit, die Plattformen sind auf diesem Auge blind und machen keine Unterschiede.

Selbst wenn Müller also mehr Geld hat als viele andere, besonders kleinere Unternehmen, kann es bei den unzähligen einzeln zu erstehenden Kontakten nicht immer mithalten. Budget allein reicht nicht, das lässt sich kaufmännisch nicht einfach umrechnen auf die Fernsehwerbung. Hinzu kommen die »Creatives« selbst, also die vielen Werbemittel, die im Gegensatz zu TV-Spots wesentlich vielfältiger sind. Diese müssen zunächst konzipiert und dann ständig – dank modernem Tracking wirklich ständig – optimiert werden auf die individuellen kleinen Zielgruppen. Die man dafür gut kennen und verstehen muss. Auf die breite Masse zugeschnittene Produkte finden in den sozialen Medien keinen rechten Halt, die Menschen lassen sich damit nicht mehr erreichen. Die Marketingmaßnahmen können hier nur kleinteilig funktionieren, die Werbewirkungen sind dank der neuen Logik ganz andere. Anstatt viele gleichzeitig anzusteuern, musst du dein Publikum bewusst zusammenbauen, Gruppe für Gruppe, Kontakt für Kontakt. Das ist nicht nur teuer, sondern mit alten Modellen, die sich auf Fernsehwerbung konzentriert haben, erst mal nicht kompatibel.

Müller beschäftigt sich damit selbstverständlich seit Jahren, das Unternehmen ist weder naiv noch dumm. Aber es muss seinen Werbeeinkauf komplett umstellen, neue Zielgruppen definieren, die neuen Prozesse annehmen und umsetzen und vieles mehr. Es müsste sich vor allem aus der Logik der alten Welt verabschieden. Doch das ist leichter gesagt als getan, vor allem wenn es bedeutet, dass das eigene Geschäftsmodell hinfällig wird. Ob und wie gut die Transformation gelingt, lässt sich noch nicht sagen. Denn die möglichen Wege zum Erfolg sind nicht nur zahlreich, sondern oft überraschend oder gar verrückt, wenn auch im Nachhinein einleuchtend. Zum Beispiel der Kauf eines Getränkelieferanten für eine Milliarde Euro.

Dr. Oetker und Mr. Flapo

Dr. Oetker hat mit dem Kauf von Flaschenpost einen weit beachteten Deal gemacht. Die Summe allein ist gigantisch, und die Folgen könnten es auch sein. Zuvor lohnt sich jedoch ein kurzer Blick auf den Käufer selbst: Das Unternehmen wurde 1891 in Bielefeld aus einer Apotheke heraus gegründet und hat seitdem das Backen revolutioniert. Die Produkte rund um Kuchen und Co. kennt wohl jeder, ebenso die Tiefkühlpizzen. Dass auch Brauereien, Keltereien, Luxushotels, IT-Dienstleister und Logistikfirmen, Banken sowie insgesamt 400 Tochterunternehmen zu diesem Familienkonzern gehören, ist allerdings nicht so bekannt. In 40 Ländern agiert die Firmengruppe, hat weit über 38 000 Mitarbeiter und bereits in den 1950er-Jahren mittels Fernsehwerbung seine Marke in unsere Küchen gebracht und seine Position gefestigt – ähnlich wie Müller es getan hat. Nun verliert sein wichtigster Berührungspunkt natürlich ebenso seit Jahren an Relevanz, sodass die Suche nach einer Lösung für Berührungspunkte in der neuen Welt längst läuft. Mit dem Kauf von Flaschenpost könnte Dr. Oetker sein Rezept gefunden haben.

Warum ein Getränkelieferant die digitale Lösung darstellen soll – und überhaupt für den Konzern so relevant scheint, dass er eine Milliarde Euro ausgibt –, ist auf den ersten Blick eine berechtigte Frage. Auf den zweiten wird jedoch deutlich, dass diese Entscheidung eine extrem smarte Weichenstellung für die Zukunft sein kann. Flaschenpost hat früher bereits auf sich aufmerksam gemacht. Kaum vier Jahre am Markt, hat das E-Commerce-Unternehmen aus Münster nicht nur 7000 Mitarbeiter an 23 Standorten in Deutschland, sondern auch eine große Fan-Gemeinde, die dem Lieferdienst prompt einen Spitznamen gab. Nichtsdestotrotz hatte »Flapo« einen holprigen Start und verbrannte 2020 interessanterweise noch immer viel Geld, was anders formuliert bedeutet, dass die Investoren Millionen in das Unternehmen pumpten, und zwar über 2 Millionen Euro monatlich. Der Umsatz jedoch lag allein im Oktober 2020 bei 27 Millionen Euro, im gesamten Jahr 2020 bei circa 320 Millionen, sein Wachstum bei 200 Prozent. Sein Versprechen, ohne Zusatzkosten zu liefern, und das innerhalb zweier Stunden, hält Flapo konstant. Das und die einfache Handhabung dieses Service zieht immer mehr Kunden an. Klar waren die Corona-Bedingungen hilfreich, sie haben aber zudem den Nutzen dieses Diensts so deutlich gezeigt, dass es kaum einen Bestellrückgang gab, nachdem der Lockdown im Frühjahr 2020 kurzweilig aufgehoben wurde.

Dennoch hat das Unternehmen vor allem so einen gewaltigen Wert, weil es hochdigitalisiert ist. Es ist ein analoger Lieferdienst, aber im Hintergrund ist es auch eine technologisierte Logistikfirma – sonst ließen sich das Geschäftsmodell, das Kundenversprechen, die gesamte Organisation überhaupt nicht realisieren. Die Logik des Unternehmens folgt im Grunde genommen der von Amazon, schließlich ist die Plattform ebenfalls nur ein Warenhaus mit analogen Lieferungen – und doch eine der erfolgreichsten und digitalsten Firmen der Welt. Bei Flapo kommt (besonders für Dr. Oetker) etwas Entscheidendes hinzu: seine digitale Schnittstelle zum Kunden.

Mit der App weisen Flapo und sein Geschäftsmodell einen gigantischen Berührungspunkt auf. Und genau diesen will Dr. Oetker nutzen, das ist sein Weg der Transformation. Was TV-Werbung heute nicht mehr schafft, soll dieser Lieferdienst auf andere, auf digitale Art und Weise wieder möglich machen: deutschlandweit Zielgruppen erreichen und Kaufentscheidungen beeinflussen. Schon jetzt dient die App Flapo dazu, schnell und einfach zu kommunizieren und ständig Kontakt zu halten. Dass die Eigenmarken bei Bier und Wasser zu den meistbestellten Produkten gehören, lässt sich auch mit der smarten Technik erklären. Dr. Oetker kann genau diese Mechanismen nutzen, geschickt Vorschläge machen, was die Kunden aktuell am besten bestellen könnten, und die eigenen Produkte platzieren. Werbung par excellence. Und das Ganze nicht in gekauften Medien, sondern in den eigenen. Das ist genial.

Dieser Deal zeigt, wie die Zukunft aussieht und was es heißt, digital zu denken und zu handeln. Hier kommt natürlich einiges zusammen, was diesen Weg ermöglicht oder doch erleichtert. Die breite Produktpalette von Dr. Oetker eignet sich extrem gut für diese Transformation, bei Unternehmen wie Müller mit seinen Molkereiprodukten sähe das gegebenenfalls etwas anders aus. Dr. Oetkers Kuchen und Pizzen sind allseits bekannte Produkte, und schon diese passen prima in das neue Geschäftsmodell. Noch besser allerdings passen Tochterunternehmen wie die Radeberger- oder Henkell-Freixenet-Gruppe mit zig bekannten Getränkemarken von Wasser bis Schnaps. Das nötige Finanzpolster war sicher ebenso entscheidend, vielleicht auch die Tatsache, dass Dr. Oetker mit Durstexpress bereits eine Kopie von Flaschenpost zu bauen versuchte, die aktuell vor allem im Osten Deutschlands funktioniert. Vom Wettbewerber von Flaschenpost zum Partner? Warum nicht. Das Ziel ist, den eigenen Kontaktarm zu den Kunden zu verlängern. Mit dieser Vorwärtsintegration in der Wertschöpfungskette muss Dr. Oetker nicht mehr Teile aus dieser Kette an andere Player wie Supermärkte und/oder Lieferanten abgeben – jetzt betreibt es einen eigenen riesigen Supermarkt. Und es kann noch besser und intensiver mit den Menschen interagieren und Kontakt halten. Das ist einfach richtig schlau und kann vielleicht genau die Lücke schließen, die die Fernsehwerbung aufriss.

Dr. Oetker und Müller sind sehr gute Beispiele dafür, welche Herausforderungen die Digitalisierung, Social Media und das veränderte Kundenverhalten für Firmen bereithalten und wie man sie bewältigen kann. Die digitale Denke, die Dr. Oetker an den Tag legte, als es den Flapo-Deal machte, zeigt die Komplexität der Situation – und welche fundamentale Rolle ein funktionierender Berührungspunkt darin einnimmt.

5.
Kundenbeziehungen 2.0

Es sickert sicher schon durch die ganzen Beispiele, Geschichten und Definitionen, dass diese schöne neue Wirtschaftswelt sich nicht nur gewandelt hat, sondern im Wandel
bleibt. Das gilt eben auch für Berührungspunkte, Kanäle und
Kundengruppen. Gerade hat man sich an YouTube gewöhnt,
schon kommt TikTok. Kennt man dies, drängt sich Twitch
auf die Bildfläche. Zuerst Videos, dann Podcasts – gibt es
Clubhouse noch? –, jetzt Live-Streams, morgen vielleicht
Augmented-Reality-Spots. Damit müssen wir alle leben,
und eigentlich war es schon immer so: vielleicht langsamer,
aber stets in Bewegung.

Auch unsere Berührungspunkte verändern sich ständig in
Form und Funktion, wobei eine Variante der aktuellen Entwicklungen einen besonders amüsanten Spin zeigt. Als ich
2020 bei einem Basketball-Spiel war und Fotos davon online
stellte, fiel mir ein, dass ein Bekannter 2010 ebenfalls Bilder
gepostet hat, die ihn bei einem Basketball-Match zeigten.
Der große Unterschied war allerdings: Während er seine
Bilder damals auf Facebook hochlud, verschickte ich meine
in ein paar meiner WhatsApp-Gruppen. Ausschließlich.

Und wieder alles anders: Dark Social

Dieses Phänomen beobachten wir schon ein paar Jahre, im Privat- und im Geschäftsleben. Privat wird es den Menschen immer weniger wichtig, Persönliches oder Selbsterlebtes in die Öffentlichkeit zu tragen. Zu viel Mist ist auf einigen Plattformen passiert, zu viele nervenaufreibende Reaktionen folgten oder waren von eigener Seite nötig. Zudem scheint das Glücksgefühl nicht mehr ganz so herrlich zu sein, wenn man seine zig Likes erhält, zumindest nicht so anonym, wie es sich in den sozialen Medien im Gegensatz zu Messenger-Gruppen anfühlt. Außerdem sind die Messenger-Dienste noch schneller, noch näher dran und noch direkter.

Also fingen die Menschen an, sich vermehrt in dortigen Gruppen auszutauschen, dort ihre Bilder, Memes und Co. zu zeigen und persönliches Feedback zu bekommen. Diese Entwicklung können wahrscheinlich viele an ihren eigenen Messenger-Diensten erkennen: Bei einem Blick in den eigenen Verlauf erkennt man schnell, wie vielen Gruppen man angehört. Vor einigen Jahren waren Familiengruppen regelmäßig die einzigen, jetzt sind es oft mehr geworden, von Familien- über Sport- und Job- bis zu den Cliquen-Chats. Im privaten Leben scheint das grundsätzlich nicht weiter beachtenswert, eine von vielen Varianten unserer Kommunikationsarten und -wege, dahinter mag man zunächst nichts Weltbewegendes vermuten. Wirtschaftlich betrachtet entpuppt sich diese Wende allerdings als neue Challenge, auf die sich unsere Businesswelt einstellen sollte – »Dark Social«.

Adieu, gläserner Kunde ...

Unternehmen können heute überraschenderweise nicht mehr so gut nachvollziehen, woher ihre Webseiten-Besucher kommen, wie noch vor wenigen Jahren – und damit ihre Marketingausgaben nicht präzise kalkulieren. Dass Zielgruppen nicht mehr in der Öffentlichkeit kommunizieren, ist für sie damit erst mal nicht erfreulich. Auf Facebook, YouTube und Instagram können sie schließlich fröhlich mitreden, Trends erkennen, Stimmungen auffangen und ihre Produkte platzieren. In WhatsApp-Gruppen geht das nicht so einfach, die Kommunikation verschwindet im Dunklen, Kritik, Lob und Weiterempfehlung inklusive.

Hier kommt der gemeine Spin: Bei allen Tracking-Funktionen, Big-Data-Berechnungen und maßgeschneiderten Ansprachen verschwinden die Zielgruppen plötzlich wieder ins Unerreichbare, Nichtmessbare. Ohne Zahlen wird es aber in der digitalen Welt kompliziert, seine Community auszusteuern, seine Nutzer zu ersteigern und die richtige Ansprache zu finden. Das war es früher auch, als Printanzeigen viel Geld gekostet haben, es aber kaum Möglichkeiten gab, den Return on Investment zu errechnen, also wie viel man dank der Werbung eingenommen hat, wie viele (Neu-)Kunden gewonnen wurden et cetera. Digital fühlt es sich dennoch etwas verrückter an, da die Mittel zur Verfügung stehen – wenn die Leute denn öffentlich handeln.

Trotz dieser Herausforderungen haben es einige Nischenanbieter und Unternehmen verstanden, den Trend für sich zu nutzen. Interessanterweise sind dies nicht die großen Digitalfirmen und Werbetreibenden, sondern kleine, oft auch klassische und analoge Unternehmen, die entweder recht hochpreisige Produkte anbieten oder servicelastig sind (und so fast an die Strukturen unserer Innenstädte erinnern). Wer zum Beispiel mit einem kleinen Privatflugzeug von A nach B kommen möchte und entsprechende Flüge bucht, kann damit rechnen, direkt bei WhatsApp »abgeholt« zu werden. Keine anonymen Anfrage-Mails, keine Telefonate mit Callcentern, sondern direkter Chat.

Hallo, guter Freund!

Das klingt für einige vielleicht ebenso anonym und kalt, doch es ist anders: Erstens fühlen sich WhatsApp-Verläufe definitiv persönlicher an als der Anruf einer unbekannten Nummer. Zweitens ziehen wir – und die digitalen Generationen erst recht – kurze schriftliche Nachrichten dem Telefonat immer mehr vor, besonders wenn es um Termine und andere Absprachen geht. Drittens bleiben beide Seiten flexibler, da nicht unmittelbar geantwortet, direkt alles gefragt oder gar auf Informationen aktiv gewartet werden muss. Und viertens können via Messenger-Dienst Bilder, Tickets, Links und sonstige Informationen gleich mitgeliefert werden. Privatfluganbieter bedienen tatsächlich schon über 50 Prozent ihrer Kunden über Messenger-Kanäle, andere Unternehmen mit Produkten im höheren Preissegment handeln ähnlich.

Doch auch bei weniger hochpreisigen oder weniger servicelastigen Firmen suchen das Nagelstudio, der Handwerksbetrieb und selbst Versicherungen den kurzen Weg zu (potenziellen) Kunden – und das sind nur Beispiele, die ich auf die Schnelle bei einer kleinen Umfrage in unserer Firma gefunden habe, es gibt diverse weitere. So bleiben die »dunklen Medien« klein und direkt, können aber effektiv genutzt werden. Es mag sein, dass Personenmarken wie Knossi mit diesem Phänomen auf den ersten Blick besser zurechtkommen als große Unternehmen, aber wahrscheinlich wird es Solmecke trotz seiner zig Mitarbeiter nicht allzu schwerfallen, auf diesen Zug aufzuspringen und sich authentisch und nahbar zu zeigen, und Sixt kann sich mit seiner App sicher ebenso auf den Weg machen.

Übrigens sind es nicht mehr nur die üblichen Verdächtigen, wenn wir über Messenger-Dienste reden. Bei den jungen Leuten setzen sich Chats mittlerweile auf Instagram oder sogar innerhalb von Games durch, da lassen sich auch schnell noch ein Termin vereinbaren oder Fragen als schneller Service beantworten.

Geil ist geil

Diese Mischung aus Änderungen und neuen Strukturen hat in den letzten Jahren diverse Konsequenzen mit sich gebracht. Dass Linkshänder nun auch handwerken können beziehungsweise praktisch alle Nischen-Fans wesentlich mehr Auswahl und Informationen erhalten und ihre Zugänge einfacher geworden sind, ist noch nicht alles, was mit dieser modifizierten Beziehung zwischen Kunden und Unternehmen entstanden ist.

Erstens haben wir heute Unternehmen, die authentischer geworden sind – und es auch sein müssen. Hierbei geht es nicht in erster Linie darum, wie sie ihre Produkte vermarkten, sondern sich selbst. Das mag vor der Digitalisierung und den sozialen Medien gar nicht nötig gewesen sein. Und so wurde kaum über schlechte Arbeitsbedingungen, Umweltverschmutzung, fehlende Diversity gesprochen, es gab vor allem keinen Bedarf an echtem Austausch mit Kunden – dafür mittelmäßigen Service, langwierige Hilfe, keine Mitsprache, keinen Dialog. Na und? Die Produkte wurden dennoch gekauft, das reichte. Damals. Heute sind die »Wer-wir-sind«-Seiten leicht zu finden, denn das Image macht sich im Gewinn bemerkbar. Entsprechend vermarkten immer mehr smarte Unternehmen nicht nur ihre Produkte, sondern auch sich selbst – und schaffen damit weitere Berührungspunkte, die ihre Zielgruppen dankbar annehmen.

Zweitens legen es vor allem die Firmen, die verstanden haben, worauf es heute ankommt, darauf an, dass ihre Zielgruppe ein klares und reelles Bild ihrer Produkte bekommt – weil sie diese selbst super finden. Die App von Sixt, das Angelcamp mit Knossi oder die Musik von Jan Delay: Sie alle versuchen nicht, etwas zu verkaufen, was sie nicht erfüllen können – sie sind nur so begeistert von ihren Produkten, dass sie überhaupt kein Problem damit haben, sie anzupreisen. Es gibt heute in der Tat zahlreichere und bessere Produkte als jemals zuvor, während es parallel nicht mehr reicht, VIPs dafür zu bezahlen, dass sie als Testimonials für mittelgute Produkte dienen. Die Auswahl und die Möglichkeiten, hinter die Kulissen zu schauen beziehungsweise authentische Bewertungen zu erhalten, haben dazu geführt, dass die Leute Qualität und Authentizität viel stärker hinterfragen. Allein dieses Marketingsystem zwingt Firmen, immer bessere, zweckmäßigere Produkte zu machen. Tun sie es nicht, kommt jemand anderes, der es tut – und der dies auch publik macht.

Und drittens ermöglichen die digitalen Strukturen einen neuen, direkten Kontakt und Kommunikation mit jeder kleinsten Zielgruppe auf jedem erdenklichen Kanal. Diese Strukturen schaffen neue Berührungspunkte, ohne die ein Unternehmen in diesem offenen Spiel nicht mehr wahrgenommen wird. Denn während sie Berührungspunkte in unendlicher Menge produzieren, bleibt unsere Aufmerksamkeit endlich.

Oder?

Teil II:
Aufmerksamkeit

Berührungspunkte sind also komplex, vielfältig und zahlreich, um Kunden oder, besser noch, Fans an sich zu binden. Sie sind in der digitalen Welt unabkömmlich und eng mit den Mechanismen der realen Welt verbunden. Nun folgt das nächste grundlegende Phänomen, das eng damit zusammenhängt und nicht minder entscheidend ist: unsere Aufmerksamkeit – und der Kampf um sie.

6.
Irgendwas mit Medien

Diesen Kampf gab es prinzipiell schon immer. Das Spannende ist jedoch, wie er heute im digitalen Zeitalter geführt wird, welche Möglichkeiten sich auftun und welche Konsequenzen das hat. Früher war alles klarer verteilt, und die Claims, also die Forderungen und Ansprüche, waren eindeutiger abgesteckt: Die einen konnten, die anderen nicht, vereinfacht gesprochen. Müller war save, der kleine Keramikladen um die Ecke weniger. Mit dem Wandel zur digitalen Welt wurden viele Teile dieses Spiels plötzlich verfügbar, zugänglich und von neuen Spielern umkämpft, die nun eine reelle Chance haben.

Klar, dass es neue Gewinner und neue Verlierer gibt und geben wird, Aufmerksamkeit gilt ja bekanntlich als ein knappes Gut, das wird uns seit vielen Jahren erklärt. Und es stimmt natürlich: Der Tag hat 24 Stunden, Multitasking ist nicht wirklich hilfreich, die Auswahl steigt und steigt, das Angebot wird immer größer. Um diese Währung Aufmerksamkeit wird entsprechend hart gekämpft, denn Produkte, Dienstleistungen und Marken können ohne zahlende Fans und Communitys auf keiner Ebene funktionieren. Informationen und viele weitere Inhalte werden kostenlos angeboten, müssen aber dennoch bezahlt werden. Ja, das war durchaus ähnlich, als Radio und Fernsehen diese Aufgabe übernahmen, auch hier haben die Werbetreibenden dafür bezahlt, dass wir etwas umsonst konsumieren konnten. Heute gibt es Unternehmen, deren Geschäftsmodell ausschließlich auf Aufmerksamkeit ausgelegt ist, deren Produkt sozusagen darin besteht, diese zu beschaffen und weiterzugeben, ohne direkt eigenen Content herzustellen. Allein das stellt so einiges auf den Kopf.

Digitales Business hat die Aufmerksamkeitsökonomie nicht geschaffen, aber verändert: Die gesamte Logik, nach der sich die Welt rund um Aufmerksamkeit gedreht hat, funktioniert jetzt anders. Denn ähnlich wie bei den Ersteigerungen der Kundenkontakte heute wird Aufmerksamkeit nach anderen Prinzipien zugeteilt, erarbeitet und verdient. Und das wirft für viele Unternehmen vieles über den Haufen, im positiven wie im negativen Sinn.

Gatekeeper und Türöffner

Zunächst gibt es viele individuelle Personen, denen es gelingt, Aufmerksamkeit via Social Media zu erhalten. Das wäre früher mehr oder weniger undenkbar gewesen. Niemand hätte sie sich so beschaffen können, eben weil bestimmte Medien beziehungsweise Verlage, Sender und Anstalten diese Aufmerksamkeit für sich vereinnahmten, sie kontrollierten, nach gewissen Regeln verteilten – und damit als Gatekeeper fungierten. Noch immer sind diese klassischen Medien Zeitung, Radio, Fernsehen und Print da, aber ihre Relevanz ist gesunken, und ihre Rolle hat sich verändert. Sie waren früher die Macher, Entscheider und Streuer der Inhalte. Und heute? Schauen immer weniger Menschen Analog-TV, während ich in St. Pauli an den meisten Kiosken keine einzige Zeitung oder Zeitschrift mehr finde.

Die eine Hälfte der Leserschaft wird sich wahrscheinlich fragen, warum ich überhaupt nach solchen analogen Printmedien gesucht habe. Die andere wird aber eher überrascht sein, wie weit diese Entwicklung schon im eigenen Kiez angekommen ist. Denn diese Anekdote können vielleicht viel mehr Leser erzählen, wenn sie einen bewussten Blick in ihre eigenen altbekannten Kioske werfen und feststellen, dass es dort bereits genauso ist. Man könnte meinen, die alte Rolle der Gatekeeper hätten die neuen Medien, Social Media, Online-Publisher und App-Anbieter übernommen. Doch dem ist nicht so, ob für wirtschaftliche, politische oder gesellschaftliche Themen – sie sind nicht die neuen Gatekeeper. In der heutigen Medienlandschaft gibt es diese Rolle in ihrer alten Form überhaupt nicht mehr. Dafür umso mehr neue Rollen, Aufgaben, Türöffner – und Unternehmen, die nur wenige hier erwartet hätten.

Medienmacher und Machermedien

Dass ein Verlag in die Medienbranche gehört, ist weder innovativ noch verwirrend, doch jetzt kommen Händler und Marken, die zu Medien werden wollen – aber eigentlich Getränke, Klamotten oder Fahrräder vertreiben. Was auf den ersten Blick verrückt klingt und es in der alten Welt wohl auch gewesen wäre, hat in der digitalen Welt nicht nur eine große Berechtigung, sondern sogar gute Chancen. Denn es ergibt Sinn – und funktioniert in einigen Fällen schon recht gut. Amazon hat mit Musik, Video oder Gaming eine nette Sammlung an Medien im Repertoire. Der Konzern mag ein Paradebeispiel sein, zugegeben, aber es ist nur das auf den ersten Blick ersichtlichste. Ein weiteres haben wir im ersten Kapitel gestreift: Red Bull hat eigene Sender und Seiten – und macht sich damit so unabhängig wie unabkömmlich. Obwohl es ganz augenscheinlich etwas ganz anderes tut und anbietet. Ein anderes smartes Beispiel ist About You: Der Online-Mode-Händler wächst mittlerweile zu einem Medienunternehmen mit mehreren TV-Shows, Musik-Festivals und einer eigenen Awards-Veranstaltung heran.

Wir beobachten immer öfter, wie Firmen das Ziel verfolgen, zum Medium zu werden. Die Gründe dahinter sind nicht immer offensichtlich, und sie sind nicht bei jedem Unternehmen die gleichen, lassen sich aber auf die Faktoren Kosten, Community und Aufmerksamkeit herunterbrechen. Firmen geben unfassbar viel Geld für Marketing aus. Ein großer Teil davon sind die »Umwege« über andere Medien, denn Facebook, Amazon, Google und Co. erhalten ihren Anteil, wenn Unternehmen von ihnen als Plattformen profitieren und sie ihnen die benötigte Reichweite verschaffen. Um diese Kosten zu umgehen, dort also keine Werbung schalten zu müssen, sondern eigene Seiten und Kanäle zu nutzen, investieren Firmen ungefähr die gleichen Summen, um diese Channels aufzubauen und sich als Medium zu platzieren. Wenn es gelingt, erhalten sie sogar mehr als den Zugang zu potenziellen Kunden und viel mehr, als es bezahlte Werbung je in der Lage wäre zu bieten.

Das Rad neu erfunden

Einen weiteren Punkt haben hingegen die Macher von Peloton im Hinterkopf, wenn sie von ihrem Unternehmen als Medienfirma sprechen, denn hier ist das Geschäftsmodell darauf ausgelegt. Wer meint, Peloton biete nur Hometrainer an, irrt: Es revolutioniert das bekannte Konzept, indem es die Kurse als medialen Content in den Vordergrund stellt. Einige seiner »Instructors«, also die Trainer, in deren Sessions man sich zuschalten kann, sind wahre Stars in der Szene. Ihre Kurse ziehen regelmäßig viele Teilnehmer an. Innerhalb der Peloton-Welt wirken die Kurse wie Blockbuster aus Hollywood und schaffen enorme Aufmerksamkeit. Das inhaltliche Angebot ist das Entscheidende, nicht die Hardware, das Analoge, das Fahrrad, sondern die Kurse und Trainer. Sie sind die Gründe, warum die Leute kommen, bleiben und konsumieren, vervollständigt durch eine Batterie an Service, Technik und Zugehörigkeitsgefühl.

In den circa 110 Millionen amerikanischen Haushalten standen zuvor um die 35 Millionen Laufbänder und Heimtrainer herum, oft genug ungenutzt. Was wie ein Gegenargument für Peloton klingt, ist vielmehr die Bestätigung: Die Menschen haben prinzipiell Lust auf Sport zu Hause und würden sich gern den Weg zum Fitnessstudio sparen, denn »sie wollen nicht ins Studio, sie wollen fit werden«, wie Co-Gründer John Foley sagt. Aber irgendetwas stimmt an dem Konzept Heimsport eben nicht: Es fehlen das Ganzheitliche, der Spaß, eine Community, ein menschlicher Personal Trainer und ein Programm, die Software sozusagen. Und so sind die Hometrainer die Hardware und natürlich wichtig, aber sie sind nur ein Teil des Geschäftsmodells. Dieses dreht sich um Abos – und Content in den eigenen Medien. Also entwarfen die Macher ein Spinning-Rad, das direkt mit der gesamten Community verbunden ist. Ein großes Display holt Live-Kurse, On-Demand-Videos und tausend andere Teilnehmer ins Wohn- oder Schlafzimmer – und damit Ansporn, Gruppengefühl und Trainer, die während der Live-Kurse einzelne Teilnehmer direkt ansprechen und motivieren. Das Unternehmen hat es geschafft, eine Bewegung anzuzetteln: der Service einfach, die Convenience hoch, die Kunden zufrieden, voilà.

Nach seiner Gründung 2012 hatte Peloton zunächst Startschwierigkeiten, da Tausende Investoren nicht in der Lage waren zu erkennen, welches Konzept eigentlich vorlag, und sich fragten, wer bitte 2000 Dollar für ein Rad ausgeben sollte. Doch das sollte ja niemand, denn tatsächlich kaufte man sich damit in ein Medienunternehmen ein, das seine Kunden mit innovativen Workout-Erfahrungen und angesagten Trainern begeistern wollte. Ein paar Jahre später boomte der Verkauf, 2018 expandierte Peloton nach Kanada und Großbritannien und hatte 2019 bereits eine halbe Million zahlende Abonnenten, 2020 waren es 1,3 Millionen mit Bike und eine weitere halbe Million ohne – denn die Hardware ist ja nicht das Entscheidende, jeder kann auch via Smartphone oder Tablet Teil der Community werden.

In Deutschland startete das Angebot im selben Jahr, da wir laut diversen Studien digitalaffin und der größte Fitnessmarkt in Europa sind: Wir geben offenbar gern Geld für technische Geräte aus und haben zehn Millionen Studio-Abos, wir möchten theoretisch Sport machen, aber es muss vieles dafür stimmen. Wenn Peloton das bietet, was es verspricht, ist es die Lösung: Fitness-Netflix. Eine Technologieplattform, die uns mit richtig guten Medien und besonders gutem Content zum Sportfan macht.

Die Kündigungsrate der Abos lag 2020 bei einem Prozent, schließlich sind die Menschen, die aktuell in ihre Fitness investieren, wirklich motiviert und nutzen ihre Mitgliedschaft im Schnitt zwanzigmal im Monat. Bei umgerechnet zwei Euro pro Kurs fällt niemandem so schnell ein zu kündigen, und noch ist die Begeisterung groß, die Weiterempfehlung und Mundpropaganda laufen wie verrückt. So kommt es in der Werbung vielleicht etwas überzogen daher, wenn eine

Nutzerin sich wie ein kleines Kind freut, als sie persönlich von der Trainerin angesprochen wird. Im echten Leben können viele das dennoch bestätigen: Es macht einfach Spaß dazuzugehören, es spornt an, es ist hip, vor allem wenn man mit den berühmten Trainern im Sattel sitzt.

Seit Beyoncé unter Vertrag steht, zeigt sich der nette Nebeneffekt, den die Stars und Sternchen mitbringen – und wer den neuen Präsidenten der Vereinigten Staaten als Mitglied aufweisen kann, hat einen Marketingkanal gratis.

Der mediale Radschlag

Gratis sind die Mitgliedschaft und das Rad nicht gerade, doch dank des Ratenmodells wird auch Letzteres wie ein Abo an die Leute getragen. Und mit dem Gefühl, sich das doch irgendwie leisten zu können. 2020 ist die Mehrheit der Mitglieder mit Raten dabei, auch in Deutschland. Mit der geringen Kündigungsquote lässt sich recht gut in die Zukunft schauen und planen, auch wenn oder gerade weil die Relation zwischen Radkäufen und Teilnahme-Abos bald kippen dürfte. Noch wird mehr Hardware verkauft und damit mehr Geld verdient – der Anteil macht 2020 gute 80 Prozent der Einnahmen aus –, doch es ist abzusehen, dass dies bald nachlässt und vor allem Abos bleiben.

Doch das gehört zum Plan, ein Medienunternehmen braucht keinen Heimtrainer-Verkauf zum Überleben. Entsprechend vergleichen sie sich mit Netflix oder Spotify anstatt mit anderen digitalen Business-Varianten, die sich direkt an Konsumenten richten und Hardware verkaufen, zum Beispiel Bücher oder Schuhe. Die Leute kommen, um ihre Inhalte zu konsumieren. So definiert sich Peloton, und so definieren sich Medien.

Die Idee des Fitness-Netflix ist prima, John Foley kann sich sehr gut vorstellen, dass die Zehn-Millionen-Mitglieder-Marke bald geknackt sein wird – und plant langfristig mit potenziellen 250 Millionen Kunden weltweit. Er zitiert eine Studie, der zufolge 2020 fast 60 Prozent der Amerikaner nach der Pandemie nicht mehr ins Fitnessstudio zurückkehren wollten – unabhängig davon, ob sie bereits Peloton-Fan sind. Wenn man sich überlegt, dass dem Unternehmen jeder neue Kunde aktuell bis zu 1000 Dollar wert ist und es damit dennoch mit einer Null oder gar Gewinn herauskommt, scheint es alles andere als abwegig, dass hier eine neue Medienfirma heranwächst.

Dennoch steht die ganze Aufregung um diese Firma in engem Zusammenhang mit Corona und relativiert das Gesamtbild: Ohne die Lockdowns hätte es Peloton nicht geschafft, so schnell so viele Abonnenten zu gewinnen und seinen Wert zu vervielfachen. Dazu ist die Hardware zu hochpreisig und damit nicht an die großen Massen gerichtet, sondern eher an Eliten. Zwar stimmt die Rechnung der niedrigen Kurspreise, dennoch ist es eine sehr gewagte Argumentationslinie. Es klingt gut, ändert aber nicht viel daran, dass die Räder teuer sind und die Menschen sich dafür manchmal verschulden. Das wiederum schmälert aber nicht die Idee, auf die Medienschiene zu setzen, um ein erfolgreiches Abo-Modell aufzubauen.

7.
Irgendwas – nur keine Medien?

Während nun also selbst in der Fitnessbranche Unternehmen zu Medienhäusern werden, behaupten große Plattformen wie Facebook, Google und Instagram hingegen immer wieder, sie seien keine Medien, was im Gesamtbild recht witzig daherkommt. Denn eigentlich – na ja, offensichtlich – sind sie es. Gestehen sie dies jedoch ein, müssten sie sich mit ihrer Rolle intensiv auseinandersetzen, Verantwortung übernehmen, sich vielleicht sogar regulieren lassen, neutral oder weniger gewinnorientiert werden. Das wird ihnen weniger liegen, aber das darf es auch. Die Diskussionen der letzten Zeit lassen erkennen, dass einiges im Umbruch ist. Doch das gesamte Umfeld dieser Unternehmen von Fundament bis Überbau befindet sich in einer konstanten Entwicklung, und sie sind noch immer Unternehmen, die zwar mitgestalten, aber gleichzeitig mitgerissen wurden.

Eigentlich hatte keines von ihnen die Absicht, zum Medienunternehmen zu werden, sie sind nie als solche angetreten. Ebenso wenig haben sie – im Gegensatz zu Red Bull beispielsweise – das Ziel, ihre Produkte mit eigenen Medien zu vermarkten und Marketingkosten bei anderen Medien zu minimieren. Sie haben auch keine eigenen Inhalte produziert oder die Idee, dies zu tun. Was sie getan haben, war, fremde Inhalte zu verteilen und zu kuratieren. Doch allein diese Verteilungsfunktion hat etwas ins Rollen gebracht, was sich so schnell weder aufhalten noch absehen ließ, heute Social Media heißt und von fast jedem genutzt wird. Das klingt vielleicht naiv, was wiederum nicht wirklich zu Facebook und Google passt. Sie machen schließlich unfassbar viel Geld mit der Vermarktung dieser fremden Inhalte und sind dabei niemals so blauäugig, wenn es um Wettbewerb oder Gewinne geht.

Aber trotzdem: Ich glaube nicht, dass das ihre Absicht war. Google wollte eine Suchmaschine sein, die Massen an Inhalten, Dokumenten und Wissen eher im akademischen Zusammenhang durchsuchbar machte. Bei Facebook sieht es fast genauso und doch anders aus: Mark Zuckerberg wollte eine Webseite, über die sich auf dem Harvard-Campus Frauen kennenlernen ließen. Übrigens sind viele digitale Mega-Firmen nicht von vornherein mit der Absicht entstanden, etwas besonders Großes aufzubauen. Der Mobilitätsdienst Uber hat mal als Shuttle-Service-App in San Francisco angefangen, Airbnb war mal eine Website für Messe- und Festivalbesucher und so weiter.

Niemand hat vor, ein Medium zu bauen

Noch lässt sich trotz vieler Diskussionen nicht absehen, wohin eine Welt der Mega-Plattformen steuert. Der Wilde Westen lässt erneut grüßen – und vieles wird nicht so bleiben können. In den kommenden Jahren dürfte es reichlich Regulierung, neue Regeln geben. Dass Facebook 2020 vor der Präsidentschaftswahl in den USA »einfach mal so« entschieden hat, dass keine politische Werbung mehr geschaltet werden kann, mag ein erster Versuch einer Reaktion gewesen sein, eine Regel war es noch nicht, und sie kam auch nicht aus der Politik.

An einer anderen, vielleicht subtileren, weniger ersichtlichen Stelle hingegen reagiert Facebook erst mal nicht, nämlich beim wortwörtlichen Preis für Aufmerksamkeit im politischen Kontext. Laut einer Studie musste Joe Biden 2020 auf Facebook teilweise sechsmal mehr bezahlen, um seine (potenziellen) Wähler zu erreichen, wie Donald Trump.[3] Warum das so war? Der Algorithmus belohnt vereinfacht gesprochen polarisierende Botschaften, sodass der Klick- oder Gebotspreis niedriger wird. Bidens Zielgruppe hingegen ist teilweise anspruchsvoller, seine Botschaften sind entsprechend differenzierter – und damit teurer, weil umkämpfter. Das heißt im Klartext: Wir hatten zwei politische Kandidaten und Wettbewerber, die in klassischen Medien grundsätzlich die gleichen Chancen bekommen sollten und bekommen hätten. Man stelle sich vor, die CDU müsste weniger zahlen als die SPD, um Wahlwerbung zu schalten. Oder noch krasser, eine Partei bekäme bei einem Duell weniger Zeit für ihre Antworten. Eigentlich unvorstellbar, in den sozialen Medien aber das Resultat einer Entwicklung, die solche Situationen erst mal nicht auf dem Schirm hatte.

Dass der Algorithmus so vorgeht, ist nicht in Stein gemeißelt, das lässt sich gegebenenfalls korrigieren, aber nicht mal eben so. Die Frage lautet zudem, was auf welcher Grundlage wie geändert wird. Die Regierung (welche eigentlich?) müsste einem privaten, freien Unternehmen wie Facebook – das sich wie gesagt nicht als Medienanstalt versteht – vorschreiben, das zu tun. Es gibt in vielen Ländern Regularien für Wahlwerbung und andere Werbebereiche, doch diese bewegen sich in bekannten Mediengefilden.

Und wie soll Facebook selbst damit umgehen? Erst mal

musste man dort realisieren, dass solche Dinge passieren, dass sie sich verselbstständigen und erst später als mögliches Problem zutage treten. Okay, done – dennoch zu spät für die US-Wahl 2020. Facebook war selbst überrascht, welche Konsequenzen sich da ergaben und dass es nicht bei allem, was passiert, Herr der Lage ist – Facebook hat sich nicht bewusst ausgedacht, dass Biden mehr zahlen muss, um Aufmerksamkeit zu bekommen, ist aber dafür verantwortlich. Zudem hat Facebook eigene Interessen, die vielleicht konträr zu solchen Änderungen stehen. Und Shareholder, bei denen man durchaus unter Erfolgsdruck steht und die man nun nicht verprellen will, indem man mit neuen Regularien und Selbstgeißelungen um sich wirft. Da kann es schon mal länger dauern, bis das Unternehmen handelt.

Die echte Brigitte

Die meisten Unternehmen müssen allerdings längst handeln – und tun es auch, ob große Plattformen, klassische und analoge Unternehmen oder Einzelunternehmer. Ich habe bereits angedeutet, dass die digitalen Innovationen gerade für klassische Medienunternehmen ein Problem darstellen. Meine Erfahrung, am Kiosk keine Zeitung mehr zu bekommen, zeigt schließlich genau diesen Kampf. Was machen die Verlage aber daraus?

Einige haben spannende Ideen. Axel Springer ist mittlerweile auch ein Anbieter für Stellenbörsen und Kleinanzeigen geworden, machte als Medienkonzern bereits 2019 mehr als 73 Prozent des Umsatzes[4] im digitalen Geschäft und fährt hier Gewinne ein. Von vielen regionalen Blättern und klassischen Zeitschriften hat Springer sich bereits getrennt. Heute sind viele, die weniger (mutig) agierten, unter Existenzdruck, nicht nur in Deutschland oder Europa. Auch in den USA gibt es in vielen Regionen gar keine Tageszeitungen mehr, die Strukturen und Verlage lösen sich international auf.

Ob es im Fernsehmarkt solch einen Vorreiter wie Springer geben wird, bleibt abzuwarten. Fakt ist aber, dass beim Fernsehen nicht minder starke Veränderungen anstehen. RTL und Co. werden in weiteren zehn Jahren ganz anders aussehen und wahrgenommen werden. Die smarte Idee, die den Nerv der Zeit treffen und das Spiel neu aufsetzen könnte? Gibt es schon. Netflix hat mit seiner asynchronen Kommunikation exakt den Zeitgeist getroffen. Keine festen Sendetermine, große Auswahl, Werbefreiheit, kein Warten, das sind die ausschlaggebenden, treibenden Punkte. Hätte man kommen sehen müssen, könnte man meinen. Die Großen im TV-Business sind schließlich Profis auf ihrem Gebiet, kämpfen ständig um ihre Quoten, um Zuschauer, neue Zielgruppen. Aber sie sind nun mal auch Kinder ihrer Zeit und ihrer alten Welt. Nachher ist man immer schlauer, und hätte man vorher Anteile an Netflix ergattert – wer von uns würde nicht jeden Cent in Netflix- oder Amazon-Aktien stecken, könnte er die Zeit zurückdrehen? Können wir aber nicht, und für die alten Fernsehsender ist die Zukunft jetzt nicht mehr ganz so rosig, dafür ist der neue Wettbewerb zu groß, die neuen Zielgruppen sind zu klein, die Aufmerksamkeitsbroker komplett andere, und zwar in allen Medien und Bereichen. Wer es konkreter mag: Netflix ist 2020 circa 200 Milliarden Euro wert, die vierte Fernsehsendergruppe ProSiebenSat.1 keine vier.

Dieser Wandel ist bei Themenzeitschriften nicht weniger anschaulich. *Brigitte* zum Beispiel hat früher vor allem Frauen mit Inhalten, Tipps, Tricks und Vorbildern zu bestimmten Themen wie Mode, Kosmetik, Psychologie, Beruf, Lifestyle et cetera beglückt. 2020 lag die verkaufte Auflage bei weniger als 300 000, die Reichweite bei circa zwei Millionen Frauen (und 150 000 Männern). Was zunächst ganz ansehnlich klingt, erscheint im Vergleich der letzten 20 Jahre allerdings als Trauerspiel, denn die Auflage ist um fast 70 Prozent gesunken.[5] Während die Themen heute noch die gleiche Aufmerksamkeit hervorrufen wie Ende der 1990er-Jahre, tun es die Zeitschriften nicht mehr. Nun übernehmen Influencer auf Instagram und Co. die Aufgabe, diese Themen aufzugreifen und zu bedienen – allerdings spezialisiert und praktisch in Echtzeit. Novalanalove mit 1,4 Millionen Abonnenten für Kosmetik, Anni Schmitz mit 120 000 für Beruf oder Leonie Hanne mit 3,4 Millionen für Mode, und es gibt sicher mehrere Tausend weitere Beispiele allein in Deutschland.

Das vierzehntägige Warten auf eine neue Ausgabe, obwohl die News zu allen interessanten Inhalten täglich neu hereinschneien, lässt sich jetzt schlecht rechtfertigen – oder realisieren. So klicken sich die Zielgruppen, weiblich, männlich, jung oder alt, durch die sozialen Medien – und stellen sich ihre eigene *Brigitte* zusammen: Einen Influencer für Fashion, einen Influencer für Make-up, einen für die Arbeitswelt ausgewählt, fertig ist die selbst konfigurierte Zeitschrift. Das könnte auch eine Redaktion machen, *Brigitte* könnte erstens online gehen, zweitens ihr Packaging auflösen und drittens zu jedem Thema individuelle Instagram-Kanäle, Newsletter und Podcasts hochziehen. Und doch wird es nicht funktionieren, nicht so wie bei den »Einzelkämpfern«. Denn der große Unterschied ist ja genau das, was die Zeitschrift mit ihrem Namen zu imitieren versucht: Die *Brigitte* ist eben keine Brigitte, keine echte Person, die authentisch Inhalte, Geschmack, Meinung vermittelt. Die Influencer Brigitte, Daggi oder Jolie sind es aber schon, sie haben ein reelles Händchen dafür, was die Kundschaft wirklich sucht.

Dem etwas entgegenzuhalten ist fast unmöglich, ein Vorgaukeln echter Menschen kommt gegen echte Menschen nicht an.

So nehmen die Wahlmöglichkeiten zu, und wer sucht, findet wahrscheinlich das perfekte Format. Denn obwohl die Professionalität zunächst zu schwinden scheint – denkt man an private Badezimmer und ein Smartphone, die Publikationshäuser mit Studio, Shootings und Marketingabteilungen ersetzen sollen –, werden die Inhalte doch besser. Weil Unternehmen wie Privatpersonen an ihre Produkte glauben und weil der Wettbewerb steigt: *Brigitte* und Co. hatten besser lachen, als die alten Hürden noch bestanden. Die neuen sind Authentizität, Spaß und Vertrauen. Früher hatte *Brigitte* vielleicht zehn echte Wettbewerber – und hohe Eintrittsbarrieren in der Branche. Die Chance, dort als Neuling mitzumischen, war extrem gering – im Gegensatz zu heute.

Ein weiteres aussagekräftiges Beispiel für diese Umbrüche ist die Koch- und Backszene. Sendungen, Zeitschriften und Produkte rund ums Kochen gibt es seit 100 Jahren, vor circa 20 Jahren allerdings wurde Essenszubereitung der Trend schlechthin – von dem vornehmlich TV-Sender und vielleicht noch ein paar Verlage profitierten. Gefühlt zu jeder Tages- und Nachtzeit liefen Kochshows in allen nur erdenklichen Variationen, jede Woche kam eine neue Show hinzu – dennoch war alles wirtschaftlich in wenigen festen Händen. Und heute? Ist die erfolgreichste Publikation 2020 zum Thema Backen *Sallys Welt*, der YouTube-Kanal einer jungen Lehrerin, die dank ihres Erfolgs heute ein Unternehmen mit 50 Mitarbeitern leitet (bei 860 000 Instagram-Abonnenten, übrigens, die *Brigitte* hat 56 000). Es folgten eigene Sendungen im Fernsehen, Kooperationen mit Supermarktketten, Bücher et cetera, dennoch: Ihre Popularität erarbeitete sie sich in den sozialen Medien. Früher hätte sie als

Einzelperson kaum eine Chance gehabt, weder im Fernsehen noch bei den großen Backzeitschriften. Oder bei *Brigitte*.

Bubble, sweet bubble

Neben zunehmenden Wahlmöglichkeiten und steigender Qualität hat sich eine damit zusammenhängende Frage ergeben: Wer kuratiert unsere Medien (und die, die es nicht sein wollen)? Anders ausgedrückt: Wie finden wir eigentlich *Sally*, wenn wir bislang *Brigitte* abonniert hatten? Diese hat den Job (noch) nicht übernommen, die Social-Media-Kanäle für uns zu selektieren. Früher waren es Redakteure, die sich mit der Auswahl der Inhalte beschäftigten und für uns nach ihrem Gusto, ihrem Bild der Zielgruppen und dem Zeitgeist (den sie mitbestimmten) eine Zeitschrift zusammenstellten. Und es war die Macht der großen Verlagshäuser, ihre Zeitschriften überall präsent zu platzieren. Heute sieht das Ganze anders aus, denn wir vertrauen schon länger auf Zahlen.

Künstliche Intelligenz und Algorithmen entscheiden nun darüber, was wir wie und wo zu sehen bekommen, was wir hören, lesen und sonst wie konsumieren, bei Facebook ebenso wie auf Instagram, YouTube, TikTok oder Google. Unser Profil, unsere Daten, die wir im Netz hinterlassen, alles, was wir digital dokumentiert gemacht haben, wird genutzt, um uns Vorschläge zu weiteren Inhalten zu unterbreiten. Alle Medien stellen immer mehr auf diese algorithmische Strategie um, was eine massive Veränderung darstellt. Da mag sich die eine oder der andere fragen, ob uns die paar Redakteurinnen bei *Brigitte* nicht lieber sein sollten. Berechtigte Frage und keine triviale Antwort: Soll ein Individuum beziehungsweise eine Gruppe über meine mutmaßlichen Interessen entscheiden oder eine mathematische Formel?

Bei Nachrichten und Ähnlichem hat KI noch nicht übernommen, denn die Inhalte auf *Spiegel Online* und Co. werden bis jetzt vornehmlich von Menschen gemacht und Entscheidungen von diesen gefällt. Und doch sind es genau die gleichen Menschen, die TikTok schauen und auf Facebook sind, das heißt, ebenfalls von Algorithmen beeinflusst sind. Hinzu kommt: Menschen schauen auch auf Klicks, bei aller Liebe zum Journalistenethos. Und wir konsumieren immer mehr »Nachrichten« auf Social Media, denn unsere Aufmerksamkeit bleibt dort immer wieder hängen. Was uns zu einem weiteren Phänomen führt: Welcome to your Bubble.

Gut gemeint, schlecht gemacht?

Die sogenannten Filter- oder Informationsblasen entstehen aufgrund des Versuchs von Algorithmen, uns stets die besten und passendsten Antworten zu liefern. Alles, was so errechnet wird, soll den Unternehmen ja dazu dienen, ihre Kunden und Fans zufriedenzustellen und damit Geld zu verdienen. Übersetzt bleibt damit zumindest logisch nur die Wahl, uns genau das zu zeigen, was uns gefällt oder von Berechnungen ausgehend gefallen sollte. Mag ich also Elektromusik und bin leidenschaftlicher Fleischgriller, so wird mir bei meinen Suchen nach Grillfleisch und DJs kaum Schlagermusik und noch weniger ein Veggie-Grillkäse vorgeschlagen, was zunächst logisch und richtig erscheint. Doch selbst Informationen dazu erhalte ich seltener, fast so, als existierten diese Dinge gar nicht. Was das Ganze direkt in einem anderen Licht erscheinen lässt. Viele Fleischfans mag das gar nicht stören, aber es fällt auf, was sich daraus ergibt: Es wird arg einseitig. Denn abgesehen davon, dass ich die Welt nicht mehr so zu sehen bekomme, wie sie ist – nämlich bunter und diverser –, fehlen mir auch wechselnde Perspektiven und Sichtweisen.

Die besten Beispiele und Belege für die daraus erwachsenden Konsequenzen waren 2020 sicher all die Verschwörungstheoretiker, QAnon-Anhänger oder die Unterstützer der beiden Präsidentschaftskandidaten in den USA: Während jeder seine »Seite der alternativen Realität« sieht und diese als Fakt nimmt, ist die Verwunderung natürlich entsprechend groß darüber, warum die anderen so dumm sind und so falschliegen. Sind sie nicht und liegen sie nicht, sie kennen nur eine andere Faktenlage – und geben damit die gleiche Frage zurück: Warum versteht ihr das denn nicht? Es ist doch völlig logisch und einleuchtend. Das war und ist in den klassischen Medien noch anders: Wenn früher die Bundeskanzlerin etwas gesagt hat, waren das die Top-News, ob es uns gefiel oder nicht. Heute bekommen Menschen, die ihre Nachrichten vornehmlich aus den sozialen Medien ziehen, diese Aussage möglicherweise gar nicht zu sehen, zumindest aber nicht so schnell und vielleicht auch nicht objektiv, sondern bereits von Meinungsmachern bewertet.

Diese Berechnungen führen zu Isolation und Polarisierung. Das war weder Absicht noch Kalkulation, wahrscheinlich hat auch einfach niemand weit genug gedacht. Hauptsache, die Kunden sind glücklich und erhalten das, was sie wollen und suchen. Und während wir als Konsumenten mittlerweile wissen, dass es diese Blasen gibt, dass sie uns einen individuellen, verzerrten, gar vorurteilsbehafteten Informationsstand anbieten, aber erst mal nicht viel ändern, versuchen die Unternehmen und Medien, damit umzugehen, sie für sich nutzbar zu machen und ihre Communitys in diesen Bubbles zu erschaffen. Für sie bedeuten diese Blasen, dass sie ihre Zielgruppen sehr zugeschnitten ansprechen können – was sich nicht pauschal für alle Firmen als gut oder schlecht definieren lässt, wie wir wissen.

Müller wird sich über diese Entwicklung sicher nicht so freuen wie all die Neueinsteiger, die wiederum ohne diese Algorithmen und diese Logik nicht da wären, wo sie jetzt sind. Ob Kapten & Son, Hellobody oder selbst Gorillas: Diese deutschen Unternehmen hätten kaum die Chance gehabt, so zu wachsen und so viel Firmenwert zu erschaffen.

Dennoch: Die Filter- oder Informationsblasen und ihre Mechanismen haben ihre Schattenseiten. Was wie verändert werden soll, ist weniger klar – dennoch wird sich für Google, Facebook und Co. auch in diesem Kontext in Bälde die Frage stellen, ob das weiterhin so bleiben kann beziehungsweise wer hier was regulieren kann und wird. Wenn sie es selbst in die Hand nähmen, täten sie etwas, was viele Unternehmen seit längerer Zeit tun: ihr Produkt perfektionieren – und damit für Aufmerksamkeit sorgen.

8.
Im Großen und Ganzen

Es gibt heute diverse Möglichkeiten, Aufmerksamkeit anzuziehen, eine der besten ist aber eindeutig, ein ideales Produkt zu erschaffen. Gelingt das, lässt sich eine Lawine los-
treten, die verselbstständigt ein Marketing in Millionenhöhe
ersetzen kann. Bei Google und Co. hat diese Denkweise
zum Erfolg geführt und tut es immer noch, doch auch bei
anderen gehört sie zum Einstieg, wie Peloton gezeigt hat:
Das Produkt waren von Beginn an die zur Hardware gehö-
rige Software, die Community und das fette Kursangebot.
Die ersten Fans waren so begeistert, dass sie das Angebot
weiterempfahlen und so immer neue Kunden anlockten.
Diese Entwicklung zeigt sich in vielen Varianten. Die neuen
Trading- und Banking-Apps zum Beispiel sind um ein Vielfaches besser in Anwendung, Bedienung und Service als die
der Banken. Intuitiver, einfacher und billiger setzen sie sich
natürlich verstärkt durch. Auch »Mobilitätsverbesserer«
wie Uber haben gezeigt, wie einfach es plötzlich geht, sich
einen Fahrdienst zu rufen. Bei so einem Service zu solchen,
wenn auch subventionierten, Preisen ist es kein Wunder,
dass eine Kundenwanderung stattfindet. Das ist der tödliche
Mix, der alten mittelmäßigen Produkten zusetzt. Dem Kun-

den ist es schließlich egal, dass Investoren im Hintergrund bis heute bei jeder Fahrt draufzahlen. Das geht auch ohne Dumpingpreise, wenn das Produkt überdurchschnittlich ist, wichtiger ist nämlich, dass es das ist: überdurchschnittlich gut. Sonst sticht man in der Masse nicht mehr raus, ob App, Fleisch, Energydrink. Oder ein Lieferservice wie Gorillas.

Der Lebensmittellieferdienst ist von Beginn an mit dem Versprechen ins Rennen gegangen, Einkäufe innerhalb von zehn Minuten zu bringen. Was im Sommer 2020 zunächst nur für ausgewählte zentrale Stadtbezirke in Berlin galt, entwickelte sich schnell zu einem kleinen Lauffeuer, im Mai 2021 waren es bereits 29 Städte in Deutschland, den Niederlanden, Frankreich und Co.[6] – auf dem Land wird solch ein Service wohl auch in Zukunft kaum machbar sein. Dennoch hat sich Gorillas in kurzer Zeit extrem weit herumgesprochen – und rentiert, denn das Unternehmen spart sich dadurch enorme Marketingkosten. Diese gehen bei vielen Firmen in die Millionen, Jahr für Jahr. Gorillas überzeugt vor allem damit, tatsächlich in zehn Minuten liefern zu können. Schon kurz nach dem Startschuss hatten 10 000 User die App heruntergeladen, die Kunden sind durchweg zufrieden – und vor allem kennen unglaublich viele (Noch-)Nichtkunden den Laden bereits. Selbst wenn sie nicht im entsprechenden Kiez oder Veedel wohnen, erledigt der Flurfunk den Rest. Bei Rewe und seinem Lieferservice war es die Aufgabe des Marketings und brauchte sicher wesentlich höhere Investitionen, um ihn an die Leute zu bringen.

Ganz ähnlich – und doch noch so viel besser – hat Tesla es geschafft, sich regelmäßig an die Spitze zu stellen, ob als E-Auto-Bauer, an der Börse oder in der Presse. Zugegebenermaßen hat das Unternehmen Zutaten, die es in dieser Mischung nicht täglich gibt, und hier lassen wir die wirtschaftlichen mal raus. Zunächst hat es Elon Musk. Der Ex-zentriker ist nicht nur ein Genie, er ist auch laut, alles andere als konventionell, gern provokativ und polarisierend. Das sorgt allein schon für Publicity. Hinzu kommen seine Visionen, sein Storytelling und der unbeugsame Wille, diese Ideen in die Realität umzusetzen. Gerade auf unserem Automarkt mit seinen großen Anbietern, ihren klassischen Strukturen und der gewaltigen Lobbyarbeit hat er geschafft, was weder Greenpeace noch Greta gelungen ist. Auf der einen Seite ist er nämlich Autoverkäufer, auf einer anderen aber auch der größte Umweltschützer unserer Zeit, wenn man so will. Mit ihm ist eine ganze Bewegung entstanden, die der Idee folgt, dass umweltbewusster Lifestyle nicht nur möglich ist, sondern auch angesagt. Und verdammt schnell – womit wir zum dritten Grund für Teslas Erfolg kommen: das exzellente Produkt. Form, Beschleunigung, Größe et cetera, nichts schreit öko. Die Botschaft scheint vielmehr zu sein: Du kannst auch heute noch ein Auto als Statussymbol haben – und bist damit weder spießig noch überheblich oder altbacken, sondern cool.

Grundsätzlich muss einfach vieles zusammenkommen, um zu den besten Firmen der Welt zählen zu können. Bei Tesla ist dies der Fall und die Aufmerksamkeit entsprechend mehr als verdient. Daraus pauschal Ableitungen ziehen zu können ist hinfällig, es hängt immer von Produkt, Markt, Community und ein bisschen Glück ab. Wenn Gorillas erfolgreich wird, hat es zur richtigen Zeit am richtigen Ort die perfekte Kundenerfahrung bereitgestellt, damit die nötige und verdiente Aufmerksamkeit erhalten und eine Community erobert. Ein gelungenes Produkt wird so selbst zum Marketing – und kann dank Social Media und der digitalen Kanäle schnell eine Community aufbauen, die auf diesen Service oder dieses Produkt gewartet hat. Nicht, dass wir einen Zehn-Minuten-Lieferservice, einen Küchen-Alles-könner, einen weiteren Hometrainer inklusive »Personal Home-Trainer« oder ein E-Auto, das in sechs Sekunden von null auf 100 ist, dringend brauchen. Machen wir uns nichts vor: Zum Leben – auch zum richtig schönen Leben – haben die meisten von uns längst alles.

Die Gründerwelt zerfällt vereinfacht gesagt in zwei Teile: Auf der einen Seite werden Firmen gegründet und Ideen umgesetzt, um Kleinigkeiten zu verbessern, um Bestehendes zu optimieren. Lieferdienste, Modeshops und Anlage-Apps werden so zu Firmen mit Milliardenbewertungen. Auf der anderen Seite gibt es die ganz großen Ideen: E-Autos, Krebsbekämpfung, Impfstoffe, Mars-Flüge, Plastikbeseitigung. Hier liegt die Kunst – neben der Umsetzung der Idee – vor allem darin, Geld von Profiinvestoren zu erhalten, selbst wenn das Vorhaben noch so sinnvoll erscheint. Ohne seinen ersten Erfolg mit der PayPal-Gründung hätte Elon Musk niemals die Chance gehabt, Tesla und SpaceX dorthin zu bringen, wo sie heute sind: Aggressiv riskierte er seine PayPal-Millionen auf diese Wetten – und gewann.

Zwischen der Veränderung der ganzen Welt und kleinen Service-Optimierungen gibt es ein paar Lücken: Während aktuell zum Beispiel die große Landflucht bei Praxisärzten stattfindet, wird die Telemedizin immer besser. Bald wird es Anbieter und Apps geben, die unabhängig vom Standort des Patienten Termine für jeden Facharzt anbieten können. Bestimmt muss man für komplexere Untersuchungen als eine einfache Anamnese einmal in eine Klinik, danach lässt sich ein großer Teil der weiteren Behandlung jedoch von zu Hause aus vornehmen – mit dem Arzt der Wahl. Auch auf dieser Ebene werden wir in den nächsten Jahren einen Wandel erleben, der diverse Probleme wird lösen können, ohne die Medizin neu zu erfinden.

Im Westen viel Neues

Dass gerade Ideen und Innovationen so sprießen, liegt an den passenden Rahmenbedingungen: die Demokratisierung des Unternehmertums, die guten Erfolgschancen für kleine Start-ups und ungeahnte Mittel für junge Firmen. Noch nie in der deutschen Geschichte wurde so viel Geld in Neugründungen investiert wie in diesen Zeiten.

Dazu entsteht aktuell ein weiteres Innovationsfeld: Social Entrepreneurship oder soziales Unternehmertum hat sich auf die Fahnen geschrieben, gesellschaftliche Missstände zu beseitigen – und dabei kein Geld zu verlieren. Man nennt erfolgreiche Firmen aus diesem Bereich »Zebras«. Unternehmen, die auf der einen Seite schwarze Zahlen schreiben, auf der anderen aber auch nachhaltig und gesellschaftlich relevant agieren – und damit eine weiße Weste haben. Schwarzweiß wie Zebras. Sie sind das Pendant zu den bekannten Einhörnern der Wirtschaftswelt – Unternehmen, die mindestens eine Milliarde wert sind. Die Aufmerksamkeit ist gegeben, vielleicht nicht von den großen Massen oder zur Primetime, aber von den entsprechenden Zielgruppen allemal.

Und auch hier sind es wieder viele kleinteilige Communitys, die sich für bestimmte Aspekte von Umwelt oder Ungleichheit interessieren und bereit sind, umzudenken, zumindest aber anderes zu konsumieren. So gibt es Firmen, die veganen Strom anbieten, Kaffee und Tee, der direkt von afrikanischen Bauern geliefert wird, fair produzierte und gehandelte Kleidung, ökologische Sanitäranlagen oder Suchmaschinen, die Bäume pflanzen lassen.

Trotz der gegebenen und wachsenden Aufmerksamkeit werden all diese Unternehmen es allein wahrscheinlich nicht schaffen, die ganz große Revolution anzuzetteln. Dafür sind unsere alten Strukturen und die kapitalistischen Gegenwinde viel zu stark, die Trägheit der Konsumenten zu hoch, die Herausforderung zu groß. Für viele Menschen sind andere Probleme wesentlich dringlicher.

Wie es gehen könnte, hat – wieder mal – Tesla gezeigt: Kapitalistisch geführt, Macht und Druck ausübend positioniert, hat Musk eine gigantische Industrie gezwungen, umzudenken und umweltbewusster zu agieren. Der echte Wunsch der Kunden, ihre Konsumlust auf schnelle limitierte Autos mit enormer Beschleunigung und Statussymbolcharakter dienten als Katalysator und wurde er von Tesla sowohl geweckt als auch befriedigt. Diese Idee war clever, denn der Exklusivitätsgedanke erlaubte Tesla, zuerst die höherpreisigen (Luxus-)Modelle auf den Markt zu bringen und damit nicht nur die Begehrlichkeit, sondern auch hohe Zahlungsbereitschaften abzuschöpfen. Audi und andere folgen diesem Muster ebenfalls: Erst kommt der Elektro-SUV im Luxussegment, dann ziehen die kleineren Modelle nach.

Fehlende Handlungsstränge

Nun haben gewisse Themen Konjunktur und, wie bereits angedeutet, eröffnen sich mit dem Konzept von Social Entrepreneurship neue Wege für Unternehmer. Auf die ganz große globale Masse gesehen, haben sie jedoch bislang ausgesprochen wenig bewegt, fast gar nichts, möchte man meinen, wenn es um Umweltschutz und Klimawandel, Fleischkonsum oder Kinderarbeit und Flüchtlinge geht. All die Themen sind präsent, bekannt, heiß diskutiert – führen aber nicht zu konsequentem Handeln. Es reicht schlicht nicht aus, lediglich aufmerksam zu machen und Alternativen aufzuzeigen.

Sehr viele Konsumenten wissen, dass es zum Beispiel problematisch ist, in manchen Ländern Asiens Kleidung produzieren zu lassen. Ob Kinderarbeit, miese Arbeitsbedingungen, Umweltverschmutzung: Trotzdem kaufen wir fast alle regelmäßig diese billigsten Textilien, die wenigsten Menschen achten darauf, nachhaltig einzukaufen. Die Diskrepanz zwischen wünschenswertem Verhalten und Realität ist riesig. Hier versagt der Markt: Diese Probleme lassen sich nicht allein über Nachfrage und Angebot regeln – und Greenwashing hilft uns ebenso wenig weiter. All diese Probleme sind schon lange bekannt und präsent, führen aber zu keinen ausreichenden Handlungsänderungen. Was wir brauchen werden, ist politische Regulierung. Zumindest scheint es sehr unwahrscheinlich, dass die Leute aus moralischen Gründen und der damit einhergehenden Kommunikation von selbst aufhören, Billigkleidung oder Billigfleisch zu kaufen. Einige wenige ja, aber leider nicht die breite Masse.

Die beste PR der Welt?

Fridays for Future (FFF) ist ein extrem gutes Beispiel für die Grenzen der Macht von Aufmerksamkeit. 2021 noch nicht einmal drei Jahre alt, ist die Graswurzelbewegung weltweit bekannt. Ihr Thema: Klimaschutz – und entsprechend mit den gerade beschriebenen Problemen behaftet. Trotz der Vorwürfe, des Aufbaus eines kollektiven schlechten Gewissens und der für viele horrenden Forderungen verschaffen sich die Schüler und Studenten Gehör, bringen bis zu 1,8 Millionen Menschen gleichzeitig auf die Straßen, sprechen vor der UN und haben mit Greta Thunberg eine beeindruckende Galionsfigur. In Deutschland gewinnt Luisa Neubauer immer mehr Bekanntheit und Einfluss, und in diesen Trend ist auch die Entscheidung des Bundesverfassungsgerichts zum Klimaschutzgesetz im April 2021 einzuordnen. Und doch bewegen die jungen Klimaschutzaktivisten vergleichsweise wenig im reellen Alltag der Welt.

An ihnen können wir recht gut sehen, wo die Möglichkeiten von PR enden. Denn was FFF sicher nicht braucht, ist PR-Unterstützung, die Bewegung ist kommunikativ schon perfekt aufgestellt und medial gigantisch gut im Spiel. Das zeigt sich in den Social Media fast weniger als in der klassischen Presse: Wer sonst hat die Chance bekommen, als Chefredakteur von richtig dicken Blättern mitzuwirken, regelmäßig in den wichtigsten Nachrichten zu erscheinen, die eigenen Leute sogar in die Chefredaktion des *Stern* setzen zu dürfen und eine Ausgabe mitzugestalten? Medial könnte wohl eine PR-Agentur, selbst die beste der Welt, nicht weiterhelfen. Das Thema ist an sich geeignet, sich in der Öffentlichkeit zu halten und Aufmerksamkeit zu generieren. Wozu es sich allerdings nicht eignet und wozu auch ihre PR nicht in der Lage zu sein scheint: die Lebensrealität der Masse zu ändern, aktive Handlungsänderungen zu initiieren. Dafür greift es nicht weit genug – oder vielleicht sogar zu weit ins Leben, wie man es nimmt.

FFF my ass

Die Lebensrealität der Mehrheit gibt das nicht her, dort herrschen andere Relationen, andere Lebensmöglichkeiten. Das machen sich viele Menschen nicht klar: Die kleinsten Preisimpulse sorgen nicht nur für Änderungen, sondern meist direkt für Probleme – und größte Konsequenzen. Mir hat der Verantwortliche für die Auflage und Auslieferung der *Bild* einmal erzählt, dass die Zeitung Hunderttausende Leser verlöre, wenn man sich entschiede, ihren Preis um nur zehn

Cent anzuheben. Einige wenige Käufer, weil sie die Anhebung nicht einsähen, viele mehr, weil sie es sich nicht leisten könnten, diese zehn Cent zu investieren – es geht schließlich um zehn Cent jeden Tag oder zumindest mehrmals pro Woche. Für viele trotzdem Kleingeld und nicht nachvollziehbar, für andere jedoch Realität. Und damit auch für *Bild*. Nicht umsonst hat die Zeitung in den letzten zehn Jahren nur zweimal diesen Schritt gewagt[7] und beide Male spürbar Leser verloren.

Das Beispiel zeigt die Bandbreite unserer Lebensumstände recht einprägsam: Während ein Teil von uns über eine Summe wie zehn Cent nicht nachdenkt – sie oftmals gar nicht bemerkt –, bedeutet sie für andere einen echten Einschnitt, zumindest aber wollen viele es sich nicht leisten. Bei der *Bild* fehlt zudem die Alternative – bei teurerem Fleisch hingegen nicht. Discountern und ständigen Angeboten sei Dank, lassen sich immer wieder noch zwei Cent sparen. Es wird interessant sein zu beobachten, was die Ankündigung von Aldi, Billigfleisch aus dem Sortiment zu nehmen, auslöst.

Dass Millionen Menschen in Deutschland sich in dieser Lage befinden, scheint für die andere Gruppe, für die Bessersituierten, schwer nachvollziehbar. Ich würde fast meine Hand dafür ins Feuer legen, dass die meisten Leser dieses Buchs zur zweiten Gruppe gehören, mehr Geld als der Durchschnitt haben oder auf dem Weg dorthin sind und sich dieses erarbeiten – und genau deshalb bei solchen Zehn-Cent-Rechenbeispielen eher irritiert sind. Mit dem Bewusstsein, dass es diese Realität gibt, habe ich großes Verständnis dafür, wenn die entsprechenden Gruppen FFF kennen und deren wesentliche Anliegen richtig finden, aber dennoch nichts an ihrem Leben ändern (möchten).

Die Frage lautet für sie nicht »Billigfleisch oder Biofleisch«, sondern »Billigfleisch oder gar kein Fleisch«. Die ungleiche Einkommensverteilung führt bei zu vielen Haushalten in letzter Konsequenz zu anderen Prioritäten. Aufmerksamkeit hin oder her: Klimawandel, Tierwohl oder Nachhaltigkeit stehen ein ganzes Stück weiter unten auf der Agenda. Dagegen wird auch FFF nicht ankommen, so gut die Argumente sein mögen. Die Preissensibilität ist bei vielen zu hoch, um einschneidende Änderungen auf eigene Kosten vorzunehmen. Die eine Alternative ist nicht erschwinglich, die andere einfach zu schlecht. Erst mit Vorgaben und Gesetzen, Aufklärung und echten Alternativen wird dieses Problem zu lösen sein. Zu hoffen, dass die meisten Menschen sich gegen sich selbst, gegen ihren schnellen und bequemen Vorteil entscheiden, wird nicht funktionieren. In der Wirtschaftswissenschaft fällt die Problematik unter den Begriff »Marktversagen«, und immer da, wo der Markt versagt, muss der Staat eingreifen. Aber aus meiner Sicht tatsächlich nur da.

9.
Schnäppchen, Ansehen, Nervenkitzel

Was diese Überlegungen zusätzlich zeigen und was man sich klarmachen muss: Menschen mit geringerer Kaufkraft und einer gewissen Resistenz gegen PR sind in der Mehrzahl. Sie stellen die große Masse dar, in Deutschland und noch stärker in der gesamten Welt. Nicht umsonst verkauft einer der reichsten Europäer Billigmode – Amancio Ortega von Zara –, sind die Albrechts mit Aldi als Discounter eine der reichsten deutschen Familien geworden und die Waltons mit Walmart eine der reichsten US-Familien. Billigware ist ein Riesengeschäft, in dem Milliarden stecken – Milliarden Euro und Milliarden Menschen. Die Warenliste lässt sich beliebig fortsetzen über Billigfleisch, Billigtelefontarife und so weiter.

Es gibt diverse Modelle, die sich auf diese Zielgruppen fokussieren und entsprechende Strategien nutzen, um die Aufmerksamkeit von Menschen zu gewinnen, die wenig Geld ausgeben können. Unternehmen, die Vergleichsmarketing betreiben, sind enorm erfolgreich – eben weil sie die weniger zahlungsfreudigen Schichten gezielt adressieren. Check24 zum Beispiel ist Milliarden wert, wahrscheinlich eine der besten Firmen Deutschlands – und der Inhaber? Richtig, kaum bekannt, aber verdammt reich geworden damit. Auch für diesen Erfolg spielt die Preissensibilität der Kunden eine entscheidende Rolle: Check24 verkauft keine Billigware, aber es ermöglicht den Preisvergleich und spricht damit die genannte Zielgruppe ideal an. Aber nicht nur die.

Wish dir was

In einer anderen Entwicklung werden Konsum und Schnäppchenjagd als Spiel interpretiert: Es geht nicht darum, Grundbedürfnisse zu befriedigen, sondern seinen Spieltrieb auszuleben. Das sieht man sehr gut bei Mydealz, noch besser allerdings bei Wish. Bei beiden geht es nicht um Beschaffung – zumindest steht dies nicht im Mittelpunkt dieser Konsumform –, sondern um Spaß.

Dazu passt die Statistik von Wish, die besagt, dass die Kunden sich auf der Seite circa 600 Produkte anschauen, bevor sie etwas kaufen. Diese Zahl darf man ruhig etwas länger verdauen: 600 Produkte. Es gibt keine Aussagen dazu, wie lange die Menschen bei jedem Produkt verweilen, dennoch wird klar, dass es sich um ein Hobby handeln muss. Die Produkte bei Wish sind selten lebensnotwendig – von Armbanduhren über Kabel bis Zahnbürsten ist alles dabei, was bei einem Hobby jedoch nichts zur Sache tut. Es macht manchen schlicht Spaß, die Angebote zu durchforsten und zu überlegen, was davon man zu welchem Preis wohl gebrauchen könnte. Das Unternehmen war 2020 nahe dran, zwei Milliarden Dollar umzusetzen, die Bewertung lag beim Börsengang bei circa 14 Milliarden Dollar. Mit 100 Millionen aktiven Nutzern monatlich aus 100 Ländern und 1,8 Millionen Produkten, die täglich verkauft werden, ist das nicht so verwunderlich.

Die App war drei Jahre in Folge die am häufigsten heruntergeladene Shopping-App, doch die Kategorisierung ist ungenau: Wenn man 600 Produkte begutachtet, hat das wenig mit klassischem Shopping im Sinne von Beschaffung zu tun. Die einen legen einen Garten an, die anderen gehen Tennis spielen, wieder andere planen über Monate hinweg minutiös ihren Jahresurlaub, und wieder andere vertreiben sich die Zeit und hängen ihr Herz an Konsum. Selbstverwirklichung ist subjektiv und emotional, zudem lässt sich aus allem ein Spiel machen, warum nicht auch daraus?

Augen auf beim Zielgruppenkauf

Dank diesem Grundgedanken, dass Schnäppchenjäger nicht nur weniger Geld ausgeben, weil sie müssen, sondern weil für sie der Spaß darin liegt, es einzusparen, eröffnen sich für viele andere Anbieter neue Zielgruppen, die nicht im klassischen Niedrigpreissektor anzusiedeln sind. Seit einiger Zeit erfreut sich der Immobilienmarktplatz Zillow in den USA allergrößter Beliebtheit. Auf der Seite tummeln sich zig Menschen, die Immobilienkonsum als Spiel begreifen und gerade im Lockdown stundenlang Wohnungen und Häuser suchten und bestaunten. Zillow bedient dabei besonders das Vergleichen und Stöbern, denn anders als zum Beispiel bei unserem Immoscout24 bleiben die Objekte dort auf den Seiten, auch nachdem sie bereits verkauft wurden, was die Vergleichbarkeit vervielfacht. Dieses Konsumspiel findet somit auf der Ebene der Topverdiener ebenso statt wie auf der Ebene der Niedrigverdiener.

Die im Gegensatz zu Wish als sogenanntes »Social Shopping« konzipierte Plattform Mydealz hat ebenfalls schon so manche Händler groß gemacht, die verstehen, Schnäppchenjäger zu begeistern. Anders als bei Amazon oder klassischen Handelsplattformen geht es wieder um die Menschen, für die Shopping ein soziales Ereignis ist, über das man reden möchte, bei dem man anderen helfen oder bei dem man seine Fertigkeiten präsentieren möchte. Tausende schauen jeden Tag nach, wo gerade welche Firma eine Rabattaktion macht, wer es zuerst entdeckt hat oder wo zum Beispiel ein Hotel oder ein anderes Unternehmen vergessen hat, einen Probierpreis zu stoppen. Wenn man sich als Anbieter die Mühe macht, sein Angebot und sein Marketing individuell auf eine Schnäppchenplattform zuzuschneiden, wird man reich belohnt, denn dort treffen sich jeden Tag Menschen mit einem riesigen, quasi natürlichen Interesse an Angeboten und Preisen. Wo sonst in der Welt findet man das so geballt und produktübergreifend?

Sport, Spiel und Spar

Das Online-Outlet SportSpar ist ein gutes Beispiel dafür, was man daraus machen kann und wie Rabattplattformen als ungewöhnliche Rampe für den Erfolg anderer Firmen dienen können. SportSpar vertreibt Restposten und Auslaufmodelle diverser Sportmarken von Adidas über Puma bis Timberland – und fuhr 2019 einen Jahresüberschuss von knapp einer Million Euro ein, bei einem Umsatz von geschätzten 25 Millionen Euro. Heute dürfte es deutlich mehr Geld sein. Das Ungewöhnliche an SportSpar ist, dass die beiden Gründer, zwei Brüder mit litauischen Wurzeln, die Firma 2008 in der Nähe von Leipzig gegründet haben – ohne jedes Kapital, also weder von Investoren noch von Banken. Jeder professionelle Investor oder Digitalexperte hätte gesagt, »Okay, Jungs, lasst es gut sein, das macht keinen Sinn,

ohne Mittel gegen Amazon, Ebay oder Zalando anzutreten.«
Aber die beiden haben es offenbar geschafft, und ihr Erfolg
ist ziemlich genau darauf zurückzuführen, dass sie Rabattplattformen wie Mydealz als übersehene Marketingoption
entdeckt haben.

Nachdem sie auf Ebay ihren allerersten Kundenstamm
aufgebaut haben, zogen sie parallel Shops auf weiteren Plattformen wie Amazon und Mydealz hoch, um auch hier neue
Kunden zu gewinnen. Der Traffic ist schließlich bereits dort
und kann genutzt werden – wenn man weiß, wie. SportSpar
weiß es und hat oft so günstige Preise, dass die Macher sich
immer wieder rechtfertigen und gegen Vorwürfe wehren
müssen, sie verkauften nachgemachte Ware. Schnäppchenjäger und Sparfüchse wollen schließlich Qualität und Originale, sie haben kein Geldproblem, sondern Spaß am Sparen. Da gelten Fälschungen nicht als Sieg. Doch wie sonst
kommt man an ein Adidas-Shirt für drei Euro?

Das geht, wenn man große Stückzahlen aus Vorgängerkol-
lektionen erwirbt. SportSpar greift eigentlich etwas auf, das
für alle Seiten sinnvoll ist, und nennt sich »Problemlöser«:
Die Hersteller produzieren schließlich viermal im Jahr eine
neue Kollektion. Wo soll das denn alles hin, wenn es nicht
sofort verkauft wird (und das wird es nie)? Die Lager sind
schnell voll, der Gewinn bei nicht mehr topaktuellen Teilen
aufgrund der niedrigen Preise nicht riesig und diese Methode
für Puma und Co. ohnehin nicht profitabel oder passend.
Klar, SportSpar hat keine großen Margen, aber die Menge
macht es. Mit TK Maxx gibt es ein vergleichbares Schnäpp-
chenangebot auch in der Offline-Welt: unfassbar günstig,
aber doch stets Originale – allerdings immer stationär und
damit vermutlich vertrauenswürdiger. SportSpar hält mit
Zertifizierungen und Siegeln dagegen.

Ohne Ebay und Mydealz wären der Erfolg der ersten zehn

Jahre und der Aufbau ihres Bekanntheitsgrades kaum möglich gewesen. Social Media spielt bis heute kaum eine Rolle, Instagram kommt ein wenig, doch bei den schnellen Wechseln der kurzlebigen Produkte ist es schwer dranzubleiben. Das Ganze ist schon ein unternehmerisches Meisterstück, das ihnen kaum jemand zugetraut hat.

Heute ist der Wachstumshebel »Rabattplattform« so nicht mehr existent, denn inzwischen haben viele Firmen entdeckt, dass man hier günstig neue Kunden finden und seine Umsätze wachsen lassen kann. Es ist wie so oft im Digitalbusiness: Es gibt ein kurzes Zeitfenster, in dem der Markt eine Möglichkeit noch nicht richtig erkannt hat – ein neues Feature auf einer großen Plattform, das andere noch nicht nutzen, es kann sogar einfach eine besondere Werbefläche sein und keine ganze Rabattplattform, die wesentlich dazu beiträgt, ein anderes Geschäft aufzubauen. Ohne die permanente Werbung auf der alten Log-out-Seite von StudiVZ hätte es Shopping-Clubs wie Brands4Friends nie gegeben, ohne Facebook in der frühen Phase wäre Zynga, die Firma hinter den Farmville-Spielen,, nie ein Milliardenkonzern geworden, und ohne Mydealz wäre SportSpar vermutlich nie erfolgreich geworden. Bis heute gibt es viele solcher Beispiele, die zeigen, wie Erfolg im Netz entsteht: häufig kaum planbar und später nicht aufholbar. Einzig die Herangehensweise ist wiederholbar. Alles mit kleinen Budgets ausprobieren, niemals von seinem eigenen Verhalten auf das Verhalten der großen Masse im Netz schließen und sehr aufmerksam die Resultate und Zahlen von Maßnahmen verfolgen.

Mal schauen, wie weit es SportSpar in den kommenden Jahren schafft, da sie nunmehr erfolgreich sind und der Markt sich weiter dynamisch ändert.

Der digitale Laufsteg

Neben Schnäppchenjägern – ob zahlungskräftig oder nicht – gibt es noch ein weiteres Phänomen, das gerade Käufer im Luxussegment begeistert, nämlich Memes in der Haute Couture. Einen Blick auf ihre Strategie zu werfen ist ebenso erhellend, denn der Weg der Modedesigner, Aufmerksamkeit zu erzeugen, ist altbekannt, wurde aber neu aufgesetzt – mit bleibender Wirkung: Wer kennt es nicht, das klassische Kopfschütteln bei Bildern von Modenschauen. Ob Versace, Lagerfeld oder Dior: Viele der Stücke, die von den Models zur Schau gestellt wurden, waren alles andere als tragbar, geschweige denn alltagstauglich. Niemand würde so etwas anziehen, schön war es oftmals auch nicht – und doch haben Millionen Menschen rund um den Globus geschaut, gestaunt, gespeichert. Nur nicht gekauft, das durchsichtige Kleid oder den Anzug aus Plastikringen etwa. Aber sie kauften etwas anderes. Denn diese Modenschauen schufen Aufmerksamkeit. Die Schönsten der Schönen zu beobachten, sich über ihre Geschmäcker zu wundern, sozusagen durchs Schrankschlüsselloch zu blicken, macht vielen Spaß. Währenddessen merken wir uns die Marken – und kaufen später doch eine bezahlbare Mütze, einen Schal oder Gürtel von Gucci oder Louis Vuitton. Irgendwie waren die Marken doch cool, begehrenswert und haben einen positiven Eindruck hinterlassen.

Genau das ist die Absicht dieser ganzen irren Stücke und Inszenierungen. Und sie funktionieren immer noch, wobei Instagram und Co. der Laufsteg geworden sind. Das Modelabel Balenciaga zum Beispiel sorgte vor einer Weile für Aufruhr, als es eine Tasche für 2000 Euro auf den Markt brachte, die fast identisch mit der guten alten IKEA-Tragetasche ist, die einen Euro kostet. Da dies nicht auf dem Catwalk passierte, sondern in den Social Media, waren viele verwirrt, ob Privatpersonen, die klassischen Medien oder IKEA selbst. Der Plan ging auf: jede Menge Aufmerksamkeit, jede Menge PR, vielleicht sogar ein paar verkaufte »IKEA-Taschen«, auf jeden Fall aber viele neue Fans, die dem Modehaus bis heute folgen.

Die Idee ist verdammt gut, denn je absurder, desto besser – das hat bei den klassischen Modenschauen schon funktioniert, und digital zeigt es sich ebenso erfolgreich. Meme-Produkte übernehmen die Funktion des Laufstegs in der alten Welt. Menschen bestaunen wilde Kreationen, finden die Marke spannend und kaufen sich am Ende aber brav nur Schal, Mütze oder eine Handtasche der Marke. Der Chefdesigner von Balenciaga spielt gern mit den Welten und hatte zuvor bereits die DHL-Shirts der Paketboten mit Anzughosen kombiniert, ebenfalls ein skurriler Hingucker, über den viele redeten. IKEA seinerseits schien übrigens so angetan, die Haute Couture zu »inspirieren«, dass es als Nächstes den Stardesigner Virgin Abloh engagierte und eine IKEA-Kollektion mit ihm schuf.

Solche Partnerschaften verbinden dazu unterschiedliche Zielgruppen und Communitys und ebnen Marken und Produkten einen Weg in ganz andere Communitys, aus denen sie dann neue Käufer rekrutieren können. Wer hätte gedacht, dass IKEA als Möbelhaus für jedermann einen Louis-Vuitton-Designer gewinnen kann? Und dass er IKEA-Kassenbons als Teppiche umdenkt? Viele dieser Ideen sind auch aus einem weiteren Grund richtig clever: Solche Zusammenschlüsse sind nämlich fast immer zeitlich limitiert – und die ungewöhnlichen Angebote dadurch unter besonderer Beobachtung.

Let's go FOMO

Wie die Strategie der Haute Couture ist auch diese nicht ganz neu, erhält aber dank der neuen Portale und Kanäle eine besondere Kraft – und dank unserer Freude an Anglizismen einen neuen Namen: »Fear of missing out«, kurz FOMO. Was ursprünglich ein gesellschaftspsychologisches Phänomen war und die Angst beschreibt, etwas zu verpassen, wird im Marketing als Strategie verwendet, um nachhaltiger und schneller mehr Fans zu gewinnen. Zudem greift es nun auf, dass wir immer mehr Zeit online und auf Social Media verbringen – und entsprechend über noch mehr Kanäle ständig und überall erreichbar sind, zum Beispiel für Hinweise zu limitierten Produkten.

Wir alle haben diese Methode wohl schon erlebt: »Nur noch vier Zimmer frei«, »nur noch drei Stück auf Lager« – und schon sind wir geneigt zuzugreifen, anstatt noch einmal darüber nachzudenken. Viele Menschen sitzen am Computer, um exakt um 12 Uhr ein Ticket für ein Konzert zu ergattern, das oftmals nach wenigen Sekunden restlos ausverkauft ist – wobei keine künstliche Verknappung nötig ist, Hotelzimmer und Konzertkarten sind faktisch nur begrenzt vorhanden. In unserer Überschussgesellschaft könnten aber Kleidung, Schmuck und eigentlich fast alle anderen Produkte theoretisch in unendlicher Menge, zumindest aber gemäß der Nachfrage produziert werden. Was hierbei fehlt? Aufmerksamkeit, Exklusivität, Reiz. Ob Hotelzimmer, Konzertkarten oder eine Tasche: Limitiert wirken sie wertvoller und werden die Käufer kauffreudiger. Dieses Prinzip erfreut sich in immer mehr Bereichen großer Beliebtheit, bei Unternehmen wie bei Fans.

Dennoch bedeutet das nicht, dass sich jedes Produkt mit

dieser Methode vermarkten und verkaufen lässt. Der Aspekt der Verknappung wird bei einem weißen Handtuch wesentlich schwieriger, zumindest ohne eine Besonderheit, etwas Spezielles. So hat der begehrte Supreme-Hoodie einen ganz individuellen Schnitt, die Balenciaga-Tasche hingegen eine besondere Kollaboration mit einer anderen Marke oder einem Designer, und das eine Paar Sneaker wiederum ist besonders gestaltet und limitiert. Wer das mit weißen Handtüchern schaffen will, muss sich ins Zeug legen und eine (oder gleich mehrere) dieser Methoden smart einsetzen. Und auch ein wenig Glück haben, zur richtigen Zeit am richtigen Ort zu sein.

Ein etwas abgefahreneres Beispiel findet sich bei den sogenannten Sneakerheads und den gerade erwähnten Sneakers. Seit den 1980er-Jahren bekamen mit dem US-Hype um Basketball und Hip-Hop-Musik auch die dazugehörigen Sportschuhe Aufmerksamkeit. Michael Jordans Nike-Sneakers »Air Jordan« wurden vor 37 Jahren entworfen, es folgten rund ebenso viele Modelle – und Umsätze von Hunderten Millionen Dollar. Doch es sind nicht die 08/15-Modelle, die für die Normalverbraucher in großer Anzahl produziert werden, sondern die limitierten Sondermodelle, die die Sneakerheads begehren, beinahe um jeden Preis, und seien es mehrere Hunderttausend Dollar.

In Konsequenz entstand nicht nur eine ganze Kultur rund um diese Schuhe, sondern auch digitale Marktplätze wie StockX für Sneaker und Co., die inzwischen Milliarden wert sind. Noch heute suchen Menschen nach alten Sneakers aus den Achtzigern, wollen ihre Sammlungen vervollständigen, folgen allen News zu neuen Releases und zahlen teils riesige Summen. Diese Community wächst, ist digital gut vernetzt, hat in den USA mittlerweile eine Sneaker-Convention (also in etwa so etwas wie hier unsere Gamescom für Computerspiele) und ist kauffreudig. Schließlich bist du kein echter Sneakerhead, wenn du nicht eine wahre Kollektion aufzeigen kannst, von alten wie von neuen Modellen, die immer wieder nachgeschoben werden. Für Ottonormalschuhkäufer ist das Ganze amüsant und anregend: Man findet es leicht verrückt, kauft sich aber dennoch gern ein ganz normales Paar Sneakers.

In der Bekleidungsindustrie generell sind dank der Limitierungsstrategie die Drops, also die Verkaufsstarts der neuesten Modelle, bei Fans zu Mega-Events geworden. Wenn ein Label es richtig macht, kann es dadurch enorm viel Aufmerksamkeit schaffen, live und vor Ort ebenso wie digital. Das Label Supreme hat diese Methode der Verknappung und Limitierung vor einigen Jahren perfektioniert und damit sogar für Luxusbranchen salonfähig gemacht.

An jedem verdammten Donnerstag

Das Streetwear-Label begann 1994 schon recht erfolgreich, war aber die ersten fast 20 Jahre seines Bestehens eines von vielen. Bis es anfing, seine Ware zu verknappen. Schnell standen an den weltweit wenigen Shops die Schlangen um mehrere Häuserblocks, um den neuen Drop nicht zu verpassen – wobei niemand wusste und bis heute weiß, welche Produkte überhaupt in der neuen Runde präsentiert werden. Das geht nun seit Jahren so, jeden Donnerstag, und der Erfolg steigt und steigt. Wie ein Lauffeuer wuchs die Aufmerksamkeit der Interessenten und damit die organische Reichweite, denn die glücklichen Besitzer eines neuen Teils lassen es sich nicht nehmen, darüber auf Social Media zu berichten, wenn sie eines der Stücke ergattern konnten. Viele teilen sogar nur zu gern ihre Vorfreude in der Schlange vor dem

Laden. Hunderttausende Aufrufe haben YouTube-Videos der neuen Besitzer gern mal. Bessere PR, bessere Werbung kann man sich kaum wünschen, sie ist absolut freiwillig und authentisch.

2020 ging das Unternehmen für mehr als zwei Milliarden Dollar an einen Modekonzern. Zumindest so weit hat Supreme seinen Coolness-Faktor halten können. Die Käufer sind meist junge Menschen aus der Mittelschicht und stellen damit in den westlichen Ländern eine recht große Zielgruppe dar. Sie sind nicht unbedingt wohlhabend, sondern viel mehr bereit, einen großen Teil ihres verfügbaren Gelds für solche Dinge auszugeben. Denn sie erhalten mehr als einen angesagten Pullover oder seltene Schuhe: Aufmerksamkeit.

In den sozialen Medien können sie schließlich während und direkt nach dem Kauf jede Menge Likes und Bewunderung erhalten. Das mag für viele überzogen oder irrelevant klingen, für die Zielgruppe fühlt es sich aber an, als hätten sie einen doppelten Wert erhalten, als profitierten sie zweimal. Damit lässt sich der Preis rechtfertigen. Diese neue Dynamik geht einher mit unseren steigenden Lebensstandards, da muss der »Streetlook« nicht wirklich Subkultur sein. Kunde und Fan einer der wertvollsten Marken überhaupt zu sein hat was. Wenn sie zudem jeden Donnerstag ein Event mit Spannung erleben, haben sie nicht nur neue Klamotten (falls sie welche bekommen), sondern direkt ein richtiges Hobby mit einer gleichgesinnten, wohlvernetzten und exklusiven Community.

Während das Ganze also für die Zielgruppen gut funktioniert, stehen die Firmen und ihre Investoren vor einem Problem. In der normalen Wirtschaftswelt gilt schließlich die Devise »schneller, höher, weiter«, sodass Supreme und Co. eigentlich bei solch guten Zahlen an Gewinnmaximierung denken müssten. Normalerweise werden Firmen nach

Umsatz und Gewinn bewertet. Hier passt die Bewertungslogik entsprechend nicht so gut – aufgrund der bewusst gewählten Verknappung können sie ihre Umsätze ja gar nicht maximieren. Das muss man heutzutage erst mal aussitzen und durchhalten: Obwohl sie wissen, dass mehr Umsatz und Gewinn drinstecken, bremsen sie sich bewusst aus. Und verkaufen kurzfristig deutlich weniger, als sie könnten.

Einige kennen dieses Phänomen schon seit Langem von Ferrari. Der Autobauer produziert maximal 10 000 Fahrzeuge im Jahr. Er weiß, er könnte – gerade bei dem hohen Interesse an Luxus in China – doppelt so viele herstellen, und er würde jedes einzelne Auto sicher verkauft bekommen. Doch Ferrari bleibt bei dieser Methode der Verknappung und der selbst auferlegten Obergrenze. Damit agiert die Firma quer zum regulären Marktgeschehen, doch ihr Börsenwert von rund 30 Milliarden Euro bei eben nur 10 000 neuen Autos pro Jahr zeigt, dass Investoren den Ansatz akzeptieren und sogar sehr schätzen.

10.
Optimierungsbedarf

Was bei all diesen Storys immer wieder auffällt: Sie führen bei vielen Menschen zu Kopfschütteln. Denn wir sind zu oft zu sehr geneigt, von uns als Individuen auf andere zu schließen. Kurz nachdem ich in den 2000er-Jahren mit Online-Marketing anfing, führte ich für meine damalige Firma regelmäßig Kampagnen für regionale Tageszeitungen durch, und zwar mit Pop-ups oder Pop-unders. Einige werden sich noch an diese kleinen zusätzlichen Browser-Fenster erinnern, die heute technisch und rechtlich nicht mehr möglich sind, damals aber üblich und verbreitet waren. Wir nutzten sie, um Werbung zu schalten und dreimonatige Probeabos für 30 Euro unter die Leute zu bringen. Ich selbst hätte mir damals nicht vorstellen können, dass viele Nutzer darauf reagieren und Probeabos abschließen. Doch weit gefehlt, auf die große Masse gerechnet war das ein gutes Geschäft. Also trieben wir es noch ein wenig weiter, boten als kleines Gimmick für drei Euro auch noch einen kleinen fliegenden Helikopter dazu, und siehe da: Der Erfolg stieg signifikant.

Die Moral dieser kleinen Anekdote ist nicht, dass früher aggressivere Marketingstrategien angewendet wurden, sondern dass wir regelmäßig den Fehler begehen, von uns auszugehen, um all die anderen zu verstehen. Es ist ein Trugschluss, dass niemand oder kaum jemand etwas täte, nur weil wir als Individuum es nicht täten, weil unsere Aufmerksamkeit von solchen Strategien nicht geweckt wird. So funktioniert das nicht, ganz im Gegenteil können wir wesentlich besser nachvollziehen, was eigentlich los ist, wenn wir weniger von uns ausgehen und mehr darauf achten, wie wir uns in der Masse verhalten. Das tun erfolgreiche Unternehmen, verstehen das Spiel um Aufmerksamkeit und bestimmen damit so einiges in unserer Welt mit.

Was hierbei vielen problematisch erscheint, ist ein Mangel an Transparenz bei all den Algorithmen und Daten, mit denen vor allem die Riesen arbeiten. Schließlich schaffen sie es, dieses heilige Gut Aufmerksamkeit zu kontrollieren und mit viel Gewinn zu verteilen. Sie schaffen es, dass wir unsere Smartphones partout nicht mehr aus der Hand geben mögen, stundenlang durch die Plattformen scrollen und dort einen Teil unseres Lebens leben, während sie daran verdienen. Wie undurchsichtig das Ganze vonstattengeht, ist ein relevantes Thema, auch wenn es keineswegs neu ist, dass Unternehmen ihre Betriebsgeheimnisse haben.

Was aber klar ist: Beide, Algorithmen und Daten sind die entscheidenden Zutaten. Gerade Letztere werden oft als Grundtinktur angebracht, um ein erfolgreiches Produkt zu entwickeln. Was früher Meinungsforschungsinstitute und Verhaltensforscher in langwierigen und teuren Studien herausgefunden haben, wird jetzt in Echtzeit und mit sekundenschnellen Tests an Millionen von Live-Nutzern eruiert – während diese einfach surfen und nichts von ihrem »Feedback« merken. Mit diesen Datenmassen lassen sich minutiös Änderungen und Verbesserungen vornehmen, um die Aufmerksamkeit einzufangen, Kunden noch maßgeschneiderter zu bedienen und somit zu binden.

Früher fragte man, ob der Button links, rechts oder oben besser gefällt, die Farbe besser ankommt als die andere, der Inhalt in dieser oder jener Form anspricht. Heute werden in permanenten Feedback-Loops minimale Veränderungen konstant getestet: Bei welcher Variante bleiben die Menschen länger, bei welcher springen sie schneller ab? Welche Farbtiefe korreliert mit wie vielen Verkäufen? Wann hören Menschen auf, sich mit etwas zu beschäftigen? Auf welche Push-Nachrichten reagieren sie, auf welche nicht? Kurz: Womit können wir ihre Aufmerksamkeit so lange wie möglich gewinnen?

Zoom in and find out

Der Ansturm auf das Unternehmen Zoom, als zu Beginn der Corona-Pandemie auf die Schnelle ein Videokonferenzprogramm gesucht wurde, kann solch kleine, aber feine Unterschiede zeigen. Denn wer verwundert darauf hinwies, dass Zoom doch die Möglichkeit nicht erfunden hatte, kostenlos mit mehreren Menschen online Videotelefonate zu führen, hat natürlich vollkommen recht. Skype, seit 2003 auf dem Markt, hätte doch ein Wörtchen mitreden sollen. Wer hat es nicht noch auf seinem PC oder Laptop, selbst wenn lange unbenutzt? Und doch wurde die seit 2011 in Microsofts Hand befindliche Videokonferenzlösung als relevantes Produkt ziemlich verdrängt. Warum?

Wie so oft liegt eine Mischung aus Gründen vor – doch vermutlich war es eine unscheinbare Entscheidung der Macher, die riesige Konsequenzen hatte. Und zwar hatten sich die Zoom-Gründer entschieden, dass ihre Lösung keine aufwendigen Anmeldeverfahren von jedem Teilnehmer erfordern sollte. Ganz simpel, und trotzdem hat es einen ganzen

Markt verschoben. Denn Zoom musste das Rad nicht neu erfinden, die Macher haben nur versucht, etwas anders zu machen: den Kunden den Zugang zu vereinfachen, jeden unnötigen Klick zu entfernen. Dabei ging es uns Nutzern nicht um Datenschutz, sondern schlicht um unsere Convenience, um ein flottes Loslegen. Was so schön bequem daherkommt, bedeutete für das Unternehmen den Durchbruch. Dabei müssen die Entwickler gar nicht gewusst haben, dass diese vereinfachte Anmeldeoption die Geheimzutat sein würde. Und doch kann diese Optimierung mitunter darauf zurückgeführt werden, dass solche Unternehmen und ihre Entwickler immer nah am Kunden sind und jegliche Form von datenbasiertem Feedback auszuwerten wissen.

Die unendliche Geschichte

Zu dem, was diese Optimierungen in den digitalen Medien leisten, sind Bücher oder Filme nur begrenzt imstande, nämlich Unendlichkeit zu schaffen. Niemand kann ein Buch so »optimieren«, dass es unendlich lange gelesen wird. Soziale Medien jedoch können das, und auch Online-Spiele bringen Leute dazu, 24/7 vor dem Bildschirm zu sitzen, denn es geht immer weiter, theoretisch und praktisch. Kein Ende in Sicht, wenn du nicht willst – beziehungsweise die Macher, die eben dank ihrer Algorithmen und Daten recht gut wissen, wie sie für uns unwiderstehlich werden.

Allerdings müssen sich die Tech-Firmen ganz andere Kritik anhören als Zoom bei seiner vereinfachten Anmeldung. Denn wir wechseln vielleicht von Skype zu Zoom, werden aber deswegen kaum erheblich mehr Konferenzen durchführen. Wenn allerdings bei Facebook und Co. das Scrollen faktisch nie mehr aufhören muss, ergibt die Studie von Adam Alter, einem Marketingprofessor der New York University, Sinn. Demnach hätten 47 Prozent der jüngeren Befragten lieber einen gebrochenen Finger als ein kaputtes Smartphone – »broken bone or broken phone«.[8] Und doch war es mal dieser kleine Weiterscrollen-Klick, der uns daran denken ließ, dass wir bei Facebook, Twitter und Co. aufhören können. Jetzt switchen wir zwischen den Social-Media-Kanälen, wenn wir einem kurzweilig entkommen wollen, wirklich aufhören tun wir aber immer seltener. Ähnlich erlaubt sich TikTok, uns selbst das Starten abzunehmen: Kaum auf der Seite oder in der App, läuft bereits das erste Video, die Entscheidung wurde schon gefällt.

Doch warum können wir nicht aufhören? Warum steht unser Gehirn vor einem Problem, wenn kein Ende in Sicht ist und wir etwas nicht abschließen können? Wir sind evolutionär dafür gemacht, Ziele zu erreichen, und genau dieses tief verankerte Denkprinzip greifen die Algorithmen und die Wertschöpfung auf. Wer auf halber Jagd aufhört, wird nicht satt, wer eine Reise nicht beendet, kommt nie an, wer sein Feld nicht pflegt, erntet nichts. Das ist so tief in uns verwurzelt, dass es sich durch viele Lebensbereiche zieht und auch bei anderen Medien erkennen lässt: Grundsätzlich mögen wir es nicht so gern, ein halbes Buch zu lesen, einen halben Film zu schauen, Sieg und Niederlage sind noch immer mit dem Abschluss verbunden. Gibt es ihn (fast) nicht – wie beim Scrollen, Spielen oder Alle-Staffeln-einer-Serie-bei-Netflix-Durchschauen –, hören wir ungern auf.

Das kleine Jump-'n'-Run-Spiel Flappy Bird von 2013 war so trivial wie viele andere dieser einfachen Gelegenheitsspiele – dennoch nahm es der Entwickler selbst ein Jahr später aus den Stores. Der Grund? Es machte extrem süchtig. Süchtiger, als solche Spiele es üblicherweise tun, sodass er selbst es nicht mehr verantworten wollte. Eine Ursache dafür lag in einer ähnlichen Modifizierung wie gerade beschrieben: Es gab keinen Game-over-Button. Das Spiel fing einfach direkt nach einer Niederlage, nach einem »Ende« wieder an. Das wurde für viele zu einer regelrechten Falle. Manche sind auch Jahre später nicht aus dieser Never-ending Story entkommen – und zahlen bis zu 100 000 Dollar für alte Geräte, die das Originalspiel noch auf der Platte hatten. Klingt verrückt, und doch zeigt es, wie durchdacht die Technik funktioniert. Einmal scrollen noch.

Und gönnen wir uns doch mal eine Online-Pause, so werden wir dank Notifications augenblicklich darauf hingewiesen, wenn sich etwas in unseren Kanälen tut, eine Nachricht angekommen ist, ein neuer Beitrag, ein neues Bild. Je nach Alter, Medienkompetenz, digitaler Sozialisierung und Beruf schaffen wir es mehr schlecht als recht und immer weniger, die kleine »1« am WhatsApp-Icon, den Hinweis am Insta-, Facebook- oder Twitter-Zeichen zu ignorieren – falls nicht zuvor ein leises »Pling« unsere Aufmerksamkeit gewinnt. Ob visuell oder auditiv: Wer sie wahrnimmt, belässt es kaum dabei. Eine neue Nachricht, mir egal, ich bin beschäftigt (oder eben einfach mal nicht) und schaue später nach? Wohl kaum.

Besser als Implantate

Wer eine positive Seite sucht, kann sie womöglich im Suchtpotenzial von Fitness-Apps finden. Diese bringen zahlreiche Menschen dazu, Schritte zu zählen (und zu machen), Kalorien anzugeben, sich mit Freunden zu challengen, Nahrungspläne zu befolgen und mehr Sport zu treiben, um von ihren Apps und Communitys Anerkennung und Lob zu erhalten – was gerade in unserer Zeit gesundheitlich mehr als wünschenswert ist. Das auch hier genutzte Spielprinzip haben die bereits erwähnten Neo-Broker schließlich ebenso verwendet und gezeigt, wie man aus der seriösen Alte-Herren-Beschäftigung Börse zum coolen Traden kommt. Jetzt fliegt eben Konfetti über den Bildschirm, wenn man »gewinnt«. Das Ganze erhält Game-Charakter, weil es uns hält, begeistert, aufmerksam macht. Die Tech-Firmen geben uns, was uns gefällt, allerdings scheinbar, ohne immer zu wissen, was das mit uns anstellt. Was sie aber wissen, ist, dass sie uns um (fast) jeden Preis halten müssen, nachdem wir einmal ihre App geladen, ihren Shop betreten, ihre Seite geöffnet haben. Alles andere rentiert sich auf Dauer nicht, wie gesagt, Neukundenakquise ist viel zu teuer. Mit dieser Einsicht wird es aber schon etwas komplizierter, ihnen vorzuwerfen, dass sie alle vorliegenden Strukturen nutzen, um dies zu erreichen. Auf den (zugegebenermaßen arg spitzen) Punkt gebracht, müssen die Tech-Konzerne rein wirtschaftlich versuchen, sich unabkömmlich zu machen – oder uns »abhängig«.

Dieses Prinzip gilt schon lange, jedes kapitalistisch denkende Unternehmen versucht das, es war nur bislang nicht mit solch einer Kraft möglich. Auch nicht mit solchen Konsequenzen, denn ja, auch das Suchtpotenzial ist neu. Niemand hätte sich Windeln angezogen, um ein Buch über Tage oder Wochen nicht weglegen zu müssen. Nicht, dass das der neue Standard beim Gamen würde, doch es gibt solche Geschichten. Und bei unseren Smartphones sähe das Ganze natürlich genauso aus – wie gut, dass sie mobil sind, denn weiter als eine Armlänge entfernt dürfen sie selten sein. Da werden Tech-Implantate fast hinfällig.

Für eine Handvoll Dollar

Die Dynamik rund um neue Technologien ist aktuell so hoch, dass nach meiner Einschätzung nicht nur die Politik mit der Regulierung und die Nutzer mit der angemessenen Nutzung herausgefordert sind, sondern auch die Technologiefirmen selbst. Es ist erneut wie im Wilden Westen: Unternehmer toben sich aus und spielen mit Grenzen, die sie selber noch gar nicht kennen oder sehen und die es oft genug noch nicht gibt – denn niemand hat das Ding zu Ende gedacht. Natürlich muss Facebook für seinen Umgang mit den negativen Konsequenzen seines Produkts kritisiert werden, und vieles ist mittlerweile offenkundig. Die ersten Wahlmanipulationen durch Firmen wie Cambridge Analytica aber zum Beispiel hat sie aus meiner Sicht selbst nicht kommen sehen.

Des Weiteren gilt es noch zweierlei zu bedenken: Wir alle sind häufig indirekt Miteigentümer dieser Unternehmen: Unsere Versicherungen und Pensionskassen stecken da nämlich oftmals relevant drin. In diesen Fällen erwarten wir natürlich Gewinne – schließlich ist es unser Geld. Da klingen Moral und Rücksicht arg wohlwollend und haben in diesem kapitalistischen Kontext oft wenig zu suchen.

Wir werden sehen, welche Regularien und Vorschriften in den nächsten Jahren auf die sozialen Medien und digitalen Tech-Giganten zukommen, um unser Gefüge zusammenzuhalten. In Diskussionen tauchen zum Beispiel immer wieder Anmeldepflichten und Klarnamen auf, die obligatorisch implementiert Mobbing, Drohungen und Denunziation eindämmen sollen. Oder die Idee, für Social-Media-Konsum zu zahlen oder zahlen zu lassen, um ein wenig Kontrolle zurückzuerhalten und werbefrei konsumieren zu können, vielleicht gar mit Stopp-Buttons, vielleicht gar billiger, wenn wir es zeitlich begrenzt für zwei Stunden tun.

Adam Alter hatte hierzu einen anderen interessanten Gedanken: Da er selbst als Farbenblinder nicht auf jeden optischen Stimulus hereinfällt, könnten unsere Devices nach einer bestimmten Zeit in einen dunkleren Modus wechseln, zumindest aber das überbordende Bling-Bling minimieren. Wer zum ersten Mal Twitch schaut, wird in den ersten Minuten womöglich den Überblick verlieren – oder ihn wahrscheinlich gar nicht erst erhalten. Reduzierungen zeigen schon heute bei personalisierten Designs und gediegeneren Modi der Smartphones ihre Wirkung. Einige der führenden Köpfe des Silicon Valley haben auf diese Regulierungsfragen für ihren engsten Familienkreis eine interessante eigene Antwort gefunden: Sie schicken ihre Kinder auf Waldorfschulen, weit weg von Screens und Handys.

Und die Moral von der Geschicht'?

Dass diese Regulierungen garantiert wirtschaftlich nachteilig ausfallen, muss nicht richtig sein. Ganz im Gegenteil kann es für Unternehmen sogar vorteilhaft sein, sich verantwortungsbewusst und vorbildlich zu zeigen. Doch während für manche Firmen das Manövrieren zwischen allen Wünschen, Problemen und dem Ziel der Gewinnmaximierung ein Drahtseilakt ist, haben andere ihr Gleichgewicht gefunden. Das schwedische Unternehmen Oatly hat sogar mit dem »Petitionsmarketing« eine ganz neue Disziplin erfunden – und jede Menge (sozusagen moralisch korrekte) Aufmerksamkeit gewinnen können.

Als Hersteller von Hafermilch und anderen veganen Produkten sucht es ohnehin Nähe zu sich bewusst ernährenden und oftmals nachhaltig agierenden Menschen, sorgte aber in Deutschland mit dem Aufruf, sich für die Offenlegung des CO_2-Fußabdrucks von Produkten einzusetzen, für neuen Wind. Knapp 57 000 Menschen machten mit und unterschrieben 2019, wesentlich mehr jedoch verfolgten die Aktion, und auch der Bundestag musste sich aufgrund der hohen Zahl an Unterstützern damit befassen.

Ein anderes Beispiel für sozial erwünschtes Marketing hat Nike geliefert. Der Sportartikelproduzent schloss einen Werbevertrag mit dem afroamerikanischen Footballspieler Colin Kaepernick ab, nachdem dieser seine Karriere beendet hat. Grund war auch nicht seine sportliche Wirkung, sondern die Tatsache, dass er schon zu seinen aktiven Zeiten 2016 mit seinem regelmäßigen Kniefall während der US-Hymne auf Rassismus und Polizeigewalt aufmerksam machte. Der Sportartikelhersteller verband sich über die gemeinsame Kampagne mit ihm sehr öffentlichkeitswirksam. Zwar kursierten daraufhin in den sozialen Medien diverse Videos von Menschen, die ihre Nikes aus Wut verbrannten, und sogar der Aktienkurs des Unternehmens fiel sofort nach dem Start der Kampagne, erholte sich dann aber schnell wieder. Denn Nike handelte kalkuliert: Der Großteil der Zielgruppe teilt die Positionen des ehemaligen Quarterbacks, und der andere Teil der Bevölkerung, Trump-Sympathisanten und Erzkonservative, die sich daran stören, dass die Hymne des Landes durch das demonstrative Niederknien missachtet werde, macht ohnehin zu wenig Sport, um für Nike interessant zu sein.

Apropos Turnschuhe, es gibt noch eine weitere Marke, die gerade extrem wächst und deren Produkte an immer mehr Füßen zu sehen sind. Sie kommt aus Frankeich und heißt Veja: optisch ein ganz normaler, meist weißer Turnschuh mit großem V drauf. Die Innovation ist auf den ersten Blick gar nicht erkennbar. Es geht nicht um Optik, Dämpfung, Komfort oder Preis, wie bei vielen anderen Schuhen. Es ist die Tatsache, dass die Schuhe vegan hergestellt werden. Die nachhaltige, verantwortungsvolle Story hinter dem Schuh verändert das Spiel. So funktionieren Produkterfolg und massives Wachstum in der heutigen Zeit.

Was parallel zu diesen Entwicklungen unabdingbar ist und heute noch nicht komplett in der Verantwortung der Tech-Konzerne liegt, ist der notwendige Wandel unseres Bildungssystems. In den meisten westlichen Ländern sind Wissen und Bildung der wichtigste Rohstoff, nur darüber lässt sich der Wohlstand des jeweiligen Landes erhalten. Im Heimatland der großen Tech-Plattformen ist die Situation ähnlich, allerdings treten dort neben den etablierten Hochschulen und Colleges bereits immer mehr neue Tech-Firmen in den Bildungsmarkt ein. Es gibt einige Milliardenkonzerne, die in diesem Bereich in den letzten Jahren entstanden sind. Sie heißen Udemy, Duolingo, Outschool, Udacity, Course Hero, und jedes einzelne dieser Unternehmen ist in etwa so viel wert wie die Fernsehsendergruppe ProSiebenSat.1.

Und weil der Bildungsmarkt nicht nur international zusammenwächst und gesellschaftlich relevant ist, sondern auch sehr groß, hat Google ihn ebenfalls im Visier. Kürzlich hat der Suchmaschinenanbieter angekündigt, bei der Rekrutierung neuer Mitarbeiter die Teilnahme an Google-Schulungen und -Seminaren genauso zu gewichten wie Abschlüsse an klassischen Universitäten. So fängt Veränderung an. Ich kann mir gut vorstellen, dass das Bildungssystem zumindest im Hochschulbereich für meine Kinder auch in Deutschland in einigen Jahren ganz anders aussehen wird als heute.

Teil III:
Spielregeln

Bei den beschriebenen Erfolgsgeschichten handelt es sich nicht um Zufälle. Ob durch unsere Aufmerksamkeit als Konsumenten oder durch die wichtigen Berührungspunkte mit der Zielgruppe: Mit ihnen lässt sich die Aussicht auf Erfolg steigern. Glück spielt immer und überall eine relevante Nebenrolle, aber in der heutigen Wirtschaft lässt es sich einigermaßen vorprogrammieren, erfolgreich zu sein. Zumindest ist klar, dass es gewisse Maximen gibt, die zu befolgen notwendig ist, wenn man mitspielen möchte. Und für Beobachter sind diese Spielregeln nicht minder interessant, denn sie lassen die Welt transparenter und nachvollziehbarer werden.

Jetzt folgen die Hintergründe zu den Regeln, nach denen in der heutigen Wirtschaftswelt »Wert« entsteht: Die Formel des Kundenwerts, die Erschaffung von Narrativen für börsennotierte Firmen – »Storystocks« genannt – und die Nutzung eines von drei Geschäftsmodellen ebnen den Verständnisweg dorthin, weil sie fast analog zu mathematischen Formeln oder philosophischer Logik ein Ergebnis mit höherer Wahrscheinlichkeit vorhersagen können.

11.
Die Formel

Die zentrale Spielregel der digitalen Businesswelt hat uns in diesem Buch schon begleitet und dreht sich um den Preis, den es kostet, neue Kunden zu gewinnen und zu halten. Dieser Preis darf im jeweiligen Geschäftsmodell einen bestimmten Wert nicht überschreiten, ansonsten ist das Unterfangen nicht skalierbar und nicht rentabel. Jede Geschäftsführung muss also stets die Frage vor Augen haben: Was muss ich für einen Kunden bezahlen, wie lange bleibt er dem Produkt oder der Firma treu, und was verdient das Unternehmen in dieser Zeit?

Wer sich jetzt verwundert fragt, seit wann Firmen für Kunden zahlen und nicht umgekehrt Kunden für Produkte: Werbung, PR und Marketing waren schon immer eine Form der Bezahlung, um Kunden zu gewinnen und sie dazu zu bringen, Geld auszugeben. Mehr Geld, als das Unternehmen zuvor in die Werbung gesteckt hat.

Nehmen wir ein konkretes Unternehmen, um dies zu veranschaulichen und zu errechnen, zum Beispiel Parship: Ein Kunde dieser Partnervermittlung bezahlt für das klassische »Produkt«, nämlich Vermittlungstätigkeitenn, pro Monat 60 Euro. Die meisten Kunden – auch das lässt sich heutzutage ja centgenau berechnen und nachvollziehen – halten ihr Abo etwas länger, nämlich ungefähr viereinhalb Monate. Insgesamt kann Parship also sagen, dass es pro Kunde ungefähr 270 Euro einnimmt. Lassen wir für diesen Augenblick mal alle anderen Kosten komplett beiseite, besagt diese Zahl vor allem das: Mehr als 270 Euro darf das Unternehmen nicht für die Akquise eines Kunden ausgeben, um Gewinn zu machen – nur dann ist ein Kunde profitabel. Also beginnt hier die große Reise durch die Marketingkanäle: Wie viel Geld können wir für Facebook ausgeben, wie viel für Google, rechnet sich TV-Werbung? Sobald Parship 271 Euro ausgibt, hat es etwas falsch gemacht und kann nicht gewinnbringend arbeiten.

Diese Spielregel, diese Rechnung gilt für jedes Business. Ob jemand ein Restaurant eröffnen oder einen Weltkonzern gründen möchte, die erste Überlegung muss lauten: Was kostet es, einen Kunden zu gewinnen, wie lange ist dessen »Haltbarkeit«, und wie viel verdient man an ihm? Das mag auf den ersten Blick recht logisch oder trivial klingen – vor allem mag es altbekannt sein. Wie aber schon die Berührungspunkte zuvor gezeigt haben, hat die digitale Businesswelt die alten Strukturen mehr oder weniger komplett über den Haufen geworfen.

Natürlich wollten Firmen schon früher nicht mehr Geld für Fernseh- oder Printwerbung ausgeben, als sie über das Produkt einnahmen. Doch der Preis eines Kunden war nicht so genau errechenbar wie heute. Die Kosten für eine Anzeigenseite in einem Magazin bewegten sich nicht groß im Lauf eines Jahres – und waren für alle Käufer gleich –, doch wie viele Leser die Anzeige sahen, war grob geschätzt, und niemand wusste, wie viele dadurch aktiv wurden, geschweige denn wie viele schließlich kauften.

Heute tracken wir jeden Kunden und jeden seiner Schritte bis ins kleinste Detail – und können so genau sagen, ob eine Anzeige sich bezahlt gemacht hat, wie viele Kunden ein Banner, eine Landing-Page oder eine Facebook-Werbung eingebracht hat, detailliert und präzise. Hinzu kommen der steigende Wettbewerb und die große Auswahl der Kunden: Wenn eine Firma Geld in einen Neukunden investiert und ihn gleich nach einem Kauf wieder verliert, ist das verdammt teuer – denn einen Kunden zu halten ist, verglichen mit der Neugewinnung, quasi umsonst.

Das verändert die Maßstäbe, und so konzentrieren sich Unternehmen darauf herauszufinden, wo sie Kunden einkaufen, wie sie sie halten können und auf welchen Marketingplattformen sie wie vorzugehen haben. Das sind die entscheidenden Herausforderungen, selbst heute noch, nach einigen Jahren Erfahrung. Vor 15 Jahren war das Blatt noch unbeschrieben, viele Unternehmen waren mit einem Trial-and-Error-Ansatz unterwegs. Wer sich durchsetzen konnte, hat das System bereits in frühen Phasen verstanden und für sich nutzbar gemacht. Zum Beispiel Zalando.

Rote Schuhe und Lockdown-Menüs

Der Online-Versandhändler aus Berlin profitierte bereits 2008 davon, dass er seine Kunden über die Google-Suche sehr günstig ersteigern konnte. Die entsprechenden Keywords wie »rote Adidas-Schuhe« waren noch nicht teuer, und der Wettbewerb war damals für das Unternehmen recht überschaubar. Auch die organischen Suchresultate, also die Treffer, die keine Anzeigen sind, waren weniger umkämpft, und es gab auf der ersten Resultatseite viel mehr davon. (Heute zeigt Google generell viel mehr Anzeigen, aber das ist eine andere Geschichte.) Jedenfalls konnte sich Zalando sowohl bei den bezahlten Anzeigen als auch in der organischen Suche gut entwickeln. Viele andere Firmen waren bei ihrem Suchmaschinenmarketing bei Weitem nicht so professionalisiert, sodass Zalando sich in den Suchmaschinen durchsetzte und bei seinen relevanten Suchbegriffen fast immer ganz oben in der Ergebnisliste erschien.

Doch es gab noch vier weitere Faktoren, die den Erfolg von Zalando ermöglichten: Erstens waren während der Finanzkrise 2008/2009 Werbezeiten im Fernsehen so günstig wie noch nie zu kriegen – und Zalando griff zu. Zweitens verstand es die Firma schnell, dank der digitalen Kundenverfolgung (»Retargeting«), ihre teuer erkauften zahlenden Kunden nicht mehr zu verlieren, sondern ihnen für sehr wenig Geld zu folgen und sie zu weiteren Käufen zu bewegen. Dadurch konnte Zalando diese länger für sich nutzbar machen und musste eben nicht mehr den Preis der Kundenakquise bei einem einzigen Kauf hereinholen. Drittens betrieb es von Anfang an sehr gutes Kundenbeziehungsmanagement und konnte seine Kunden per E-Mail-Marketingaktionen mit wenig Aufwand und geringen Kosten nachhaltig binden. Experten gehen davon aus, dass ungefähr ein Drittel des Unternehmensumsatzes über diesen E-Mail-Verteiler erwirtschaftet wird – was ein paar Milliarden Euro entspricht. Und viertens hat es einen damals innovativen, heute kaum mehr wahrnehmbaren Differenzierungsaspekt für sich herausgearbeitet und genutzt: den kostenlosen Versand.

Mit diesen Elementen ist es Zalando gelungen, die Formel zu knacken, sie für sich nutzbar zu machen. Die Kunden waren zwar teuer, aber bleiben zum Teil bis heute. So konnte das Unternehmen gute Gewinne einfahren und dank dieser Kundentreue planen und investieren. Zig andere Firmen, inklusive der Platzhirsche der damaligen Zeit, haben dies nicht verstanden, auf die falschen Aspekte geachtet, auf die falschen Pferde gesetzt. Zudem waren sich viele von denen sicher, dass Zalando es ebenso wenig schaffen würde. Allein der kostenlose Versand erschien mutig, denn die Masse an Rücksendungen hätte Zalandos Todesurteil sein müssen. Die Leute bestellten fünf Paar Schuhe, um vier – umsonst – wieder zurückzuschicken. Wie sollte die Firma mit relativ günstigen und versandkostenfreien Einzelprodukten jemals schwarze Zahlen schreiben? Was die meisten hier übersahen? Erneut – die Spielregel.

Viele Beobachter haben sich damals nicht vorstellen können, dass es möglich ist, mit diesem Geschäftsmodell Geld zu verdienen. Gleichzeitig haben frühe Investoren bereitwillig 500 Millionen Euro Verlust getragen. Zalando konnte ihnen transparent machen, dass die Kundenakquisitionskosten langfristig mehrfach zurückverdient würden. Besagte Formel hat diese Risikobereitschaft vermutlich ermöglicht.

Mega-Ideen, Epic Fails ...

Unsere gesamte Wirtschaftswelt lässt sich mit dieser Formel erklären. Ob ein analoger Secondhand-Laden für Babykleidung oder eine digitale Webseite für Radliebhaber: Das eigene Modell muss anhand der Formel auf seine Erfolgswahrscheinlichkeit geprüft werden. Das kann nur funktionieren, wenn die Formel angewendet wird und man ihre Komponenten bedenkt und bedient, anders lässt sich kein Gewinn aus Kunden generieren – schon gar nicht, wenn die Akquise derselben zu teuer ist. Das gilt bei hochpreisigen ebenso wie bei Cent-Produkten.

Diese Erkenntnis ist erstaunlicherweise nicht bei allen angekommen. Ich selbst führe regelmäßig gefühlt exakt den gleichen Dialog mit Menschen, die wirklich richtig gute Ideen haben, die Formel aber aus den Augen verlieren und unterschätzen, was es kostet, Kunden einzukaufen.

»Philipp, hör dir das an, ich habe eine Mega-Idee! Mit dieser App werden wir durch die Decke gehen!«

»Ja, cool, klingt interessant. Das wird aber ja erst funktionieren, wenn ihr 30 000 (oder 300 000) User habt.«

»Ja, klar, wissen wir. Die holen wir über das Marketing. Aber sobald wir die haben, gibt es kein Halten mehr. Die Idee ist genial.«

»Gut. Habt ihr schon geprüft, wie teuer das Marketing wird? Was kostet es, einen einzelnen Kunden zu erreichen, zu gewinnen, zu halten?«

»Äh, das wissen wir noch nicht. Wir dachten, das könntest du uns vielleicht sagen …?«

Und da hört es auch schon wieder auf mit den guten Ideen. Denn niemand kann das zufällig wissen und mal eben sagen – diese Zahlen variieren schließlich von Produkt zu Produkt. Gleichzeitig sind sie aber der Schlüssel zum Erfolg – oder das Tor zur Müllhalde, wenn sie zeigen, dass die Rechnung nicht aufgeht. Wer diese Zahlen nicht mal ansatzweise in seine »Mega-Idee« einkalkuliert hat, ist vermutlich auf einem Holzweg. Und so erblicken Umsetzungen von guten Ideen kaum das Licht unserer Welt – weil es schlicht zu teuer ist, sie in selbige zu tragen. Besonders viele meiner Freunde oder Bekannten aus der Kreativszene sind oft schnell begeistert von einer Idee – und das durchaus zu Recht, wenn es um das Kreative, das Schöne, die romantische Seite einer Unternehmung geht. Aber sie vergessen, dass diese Zutat zwar die essenzielle, aber nicht die einzige ist.

… und grandiose Ausreißer

Es wäre natürlich zu schön und zu einfach, wenn diese Geschichte der Formel hiermit abgehakt wäre: Ohne geht es nicht, Punkt. Doch dem ist nicht so, denn die – wenn auch rar gesäten – Ausnahmen sind gewaltige Erfolgsgeschichten geworden. Airbnb und Uber sind darunter zwei der bemerkenswerten.

Airbnb hat kurz gesagt die Formel komplett missachtet – und zu Beginn kaum fokussiertes Marketing betrieben. Was laut Formel der Todesstoß ist, hat Airbnb nicht nur überlebt, sondern ging 2020 überaus erfolgreich an die Börse, im Übernachtungsgewerbe zu Lockdown-Zeiten. Wie kann das sein? Wie konnte Airbnb als Star unter den US-Firmen bestehen, sogar mit einem Firmenwert von fast 100 Milliarden an die Börse gehen, ohne dass es zu Beginn Geld verdiente, ohne dass es sich an die Regel hielt, ohne dass es die Formel befolgte? Vorab: Airbnb hat schließlich seine Fehler korrigiert und sein Marketing optimiert. Zudem ist es so stark geworden, dass es als Marktplatz von enormen Netzwerkeffekten profitiert – Kunden also immer mehr Kunden anziehen –, sich fast vom restlichen Marktgeschehen entkoppelt hat und kaum Werbung mehr braucht. In der Frühphase jedoch, als es eigentlich hätte scheitern müssen, hatte Airbnb zwei Vorteile, die ihm den großen Durchbruch und bis heute anhaltenden Erfolg beschert haben.

Der eine ist das geniale Produkt selbst inklusive passender Story, der zweite Investoren mit nahezu unendlichen Geldreserven in Kombination mit hoher Verlustbereitschaft. Das hat in den ersten Jahren dazu geführt, dass sein wenig konzentriertes Marketing nicht geschadet hat. Airbnb musste nicht effizient, die operativen Zahlen mussten nicht gut sein, das Geld floss immer weiter, denn das Produkt war vielversprechend – und die Firma war Teil des Silicon-Valley-Ökosystems, wo Geld bei der richtigen Story und überragender Begeisterung früher Nutzer erst mal kein Problem ist. Und endlich mal mitten in New York zu wohnen oder auf Sylt in einem Haus aufzuwachen hat viele der ersten Kunden ziemlich begeistert.

Bei Uber verhielt es sich anders und sogar noch unwirtschaftlicher. Denn während Airbnb vor allem beim Marketing Geld verbrannte, tat Uber dies schon allein mit seinem Modell: Das Sharing-Angebot ist ein verdammt gutes Produkt, aber dennoch kostet jeder Kunde Geld. Wortwörtlich: Wenn jemand fünf Euro für eine Fahrt bezahlt, legen im Hintergrund Investoren weitere ein oder zwei Euro drauf. Allein rechnet sich die Grundidee einfach bislang nicht. Im Silicon Valley konnte man sich das aber leisten, so what, es ist schließlich eine visionäre coole Idee, die ersten Nutzer waren ziemlich angetan. Also haben sie es gemacht, mit unfassbar viel Investment. Wer Geld verschenkt und in diesem Fall Taxifahrten subventioniert – und das ist schließlich genau das, was Uber machte –, kann mit jeder Idee Erfolg haben, aber wirtschaftlich ist man damit trotzdem nicht. Auf der anderen Seite ist Uber dann zu einer riesigen Wette auf die Zukunft der Mobilität, selbst fahrende Autos und die Hoffnung, eines Tages ein Monopol auf Taxifahrten in Städten zu haben, geworden. Mit dieser Story ist das Unternehmen im Sommer 2021 tatsächlich über 95 Milliarden Dollar wert – bei einem Umsatz von acht Milliarden Euro und Verlusten von fast fünf Milliarden Euro,[9] so viel zur Wirtschaftlichkeit.

Mittlerweile versucht das Unternehmen sich umzuorientieren und wird mit Uber Eats immer mehr zum Essenslieferdienst – man kann ja nicht ewig Geld aus dem Fenster werfen. Wobei Essenslieferung in der Nach-Corona-Zeit als Geschäftsmodell längst nicht so attraktiv ist wie Airbnb: Das Unternehmen ist sogar trotz Corona mit seinem ursprünglichen Modell profitabel und mitten in der Pandemie an die Börse gegangen. Airbnb ist heute eine Weltmarke, die viele als erste Option im Kopf haben, und dazu ein Marktplatz mit lokalen Angeboten und globaler Nachfrage – eine unfassbar gute Position.

Unausweichlich

So bleiben diese prominenten Beispiele dennoch Ausnahmen, welche die Regel bestätigen – oder eben die Formel: Erfolgreich wird, wer Kunden bezahlbar gewinnt und hält, mit ihnen also mehr Geld einnimmt, als man für sie ausgibt. Um dies, um die Kunden zu erreichen, wird jeder Kanal getestet, das ist die Grunddevise im Digitalmarketing – und es geht, weil man schon mit kleinen Werbebudgets bei Facebook, Google und Co. einsteigen und prüfen kann, ob es funktioniert, man auf etwas stößt, das Kunden der Formel entsprechend findet und bindet. Wird man fündig, legt man nach, modifiziert, optimiert.

Müller weiß, dass das nur trivial klingt, aber nicht ist. Zalando weiß es auch – hatte aber seinerzeit direkt drei, vier Wege aufgetan, um Kundenkohorten ideal zu erreichen. Sie standen damals am Anfang dieser Ära des Digitalmarketings, als Google über sich hinauswuchs, Facebook sich zum Marketingkanal entwickelte und der Marketingmix von heute noch nicht der Standard war. Deren Timing war perfekt und auch, was sie daraus gemacht haben, doch dieser Erfolg lässt sich so nicht mehr wiederholen.

Diese Formel hat uns eigentlich das gesamte Buch hindurch begleitet. Vom ersten Kapitel an spielten Kunden, die neuen Beziehungen zwischen Fans und Firmen und der Preis dafür die entscheidenden Rollen. Es gibt jedoch auch Spielregeln, die sich nicht auf den operativen Ebenen unserer digitalen Wirtschaftswelt abspielen, sondern nur an der Börse und in den Köpfen der Anleger.

12.
Storystocks

Welche Firma ist eigentlich gerade wertvoll? Die Antwort auf diese Frage liefert zumindest für den Bereich der gelisteten Unternehmen ein kurzer Blick in die Börsen-App. Die Marktkapitalisierung einer Firma, also die Anzahl der handelbaren Aktien multipliziert mit ihrem Preis, ist eine der ersten Kennzahlen. Interessant ist aber vor allem, welche Gedanken Investoren bei ihren Aktienkäufen leiten. Welche weiteren Kennzahlen sind relevant? Welche Rolle spielt das eigentliche Geschäftsmodell? Welche Rolle spielt das Geld, das die Firma in einem Jahr verdient und vielleicht sogar ausschüttet?

Hier passieren gerade Veränderungen, die das Ganze komplizierter machen: Bis vor einigen Jahren war ein wertvolles Unternehmen eines mit stabilem und möglichst hohem Ergebnis. Man hat dann auf Basis der zukünftigen Ergebnisse den heutigen Wert ermittelt, also einfach das Geld, was die Firma künftig abwerfen kann, auf den heutigen Tag abgezinst, und fertig war zumindest der grobe Wert einer Unternehmung. Heute braucht es mehr – und anderes.

Es war einmal – die Dividende

Der klassische Ansatz ergibt auch weiterhin Sinn, so ist es nicht, es spricht nichts dagegen, sich die Frage zu stellen: »Wie hoch wird das Ergebnis wohl in den nächsten Jahren sein, wie hoch mein Anteil – und reicht mir das?« Die Aktie der Allianz kostet beispielsweise etwa 220 Euro, und 2020 bekamen die Aktionäre pro Aktie, die sie am jährlichen Stichtag besaßen, rund zehn Euro ausgeschüttet. Macht eine Rendite von 4,5 Prozent. Die Ausschüttung und Rendite waren in den Jahren zuvor ähnlich. Plausibel, sicher, feine Sache.

Dennoch befinden wir uns gerade in einem grundlegenden Wandel, der vor allem die Regeln und das Fundament betrifft, auf dem diese Struktur basiert. Denn heute bemisst sich der Wert vieler der erfolgreichsten und wertvollsten Unternehmen der Welt an ihrer Geschichte, an ihrer Story und an ihrem Wachstum. Und damit sind wir mittendrin in der nächsten neuen Spielregel, die Unternehmen nun zu beachten haben, wenn sie an der Börse bestehen wollen. Sie ist höchst strategisch und bedarf Weitsicht, Mut und einer ordentlichen Portion Vorstellungskraft. Da scheint es nicht verwunderlich, dass Visionäre wie Jeff Bezos diese Spielregel praktisch gestaltet haben. Sie besagt: Erschaffe eine Geschichte mit fantastischer, aber umsetzbarer Zukunftsvision, um den Wert deines Unternehmens zu steigern.

Think bigger

Der Gründer von Amazon war der Erste, der aufhörte, mit seiner Firma Ergebnisse anzustreben, die seinen Aktionären Dividenden sicherten. Stattdessen verfolgte er ein übergeordnetes, sozusagen ein höheres Ziel: Amazon sollte wachsen, sich entwickeln, mehr werden als »nur« eine erfolgreiche Firma. Dafür ignorierte er eigentlich bis heute Gewinne, nahm vorübergehende Verluste in Kauf und reinvestierte bei Überschuss jeden Cent in die Firma, ohne Umwege, ohne Dividenden. Amazon war immer Fokus Nr. 1 für Amazon – und bald auch für die Aktionäre. Oder wie es der Wagniskapitalgeber und Digitalexperte Florian Heinemann ausdrückt: Jeff Bezos weiß schließlich besser, wie mein Geld anzulegen ist. Nur so konnte die Firma noch wertvoller werden, als sie ohnehin schon war.

Der entscheidende Schachzug war Jeff Bezos' Story für all das. Denn seinen Aktionären und Investoren »mal eben« ihren Teil des Kuchens zu verweigern – den Teil, den es doch immer gegeben hat –, ist schon ein Bravourstück. Er hat in einem altbekannten Spiel an den Regeln gerüttelt, doch er hatte eine Antwort auf die durchaus berechtigte Frage der Anleger: »Was machst du denn mit all dem Geld, das woanders als Dividenden ausgezahlt würde?« Bezos erklärte hierzu bereits kurz nach dem Börsengang in einem Brief an alle Investoren seine Story, die zwar wahnwitzig klang, aber so viel Reiz hatte, dass seine Shareholder sie ihm abnahmen: das langfristige Versprechen der kommerziellen Weltherrschaft, die tatsächlich später wahr wurde. Also, natürlich nicht – und doch nicht weit davon entfernt, denn er versprach viel mehr als Dividenden. Das Konzept Story mag zunächst abstrakt klingen, aber es hat ganz konkrete Implikationen: Der Wertzuwachs der Aktie ist nämlich wesentlich höher. Wer sich damals im Mai 1997 eine Aktie für 18 Dollar gekauft hat, hätte heute über tausendmal mehr in seinem Depot. Wer fragt da nach Dividenden?

Konkret formulierte und formuliert er seine Vision wie folgt: Er möchte aus Amazon nicht nur ein »normales«

erfolgreiches Unternehmen machen, sondern die beste und größte Firma der Welt. Jeder Cent wird dafür in neue Ideen, neue Konzepte, neue Produkte gesteckt. Das Abo-System war so ein Konzept, das über Jahre weiterentwickelt wurde, um Amazon so profitabel und geradezu unumgänglich zu machen, wie es heute ist. Mit über 150 Millionen Prime-Kunden[10] und einem Umsatz im Jahr 2020 von über 386 Milliarden Dollar haben sich das Warten und die Investitionen gelohnt, könnte man meinen.[11] Parallel wächst Amazon zu einem Medienunternehmen heran, und auch diese Entwicklung wurde nachhaltig geplant und mit hohen Investitionen umgesetzt.

Als Online-Lieferdienst war Amazon in der Corona-Pandemie zum einen zwar Gewinner und sicher aufgestellt. Zum anderen beschleunigte Bezos, geweckt von der wirtschaftlichen Vulnerabilität anderer Unternehmen, die gewaltigen Anstrengungen Amazons, eine Wertschöpfungskette aufzubauen, die geradezu katastrophensicher ist. Die eigene Logistikfirma steht nämlich bereits in der Storyline – und das geht nicht ohne eigene Flugzeuge, ach, ohne eigene Flughäfen eigentlich auch nicht, also wird all das Teil des Plans. Hinzu kommen sichere Handelskategorien wie Lebensmittel und damit auch der Kauf einer Lebensmittelhandelskette in den USA. Und es geht natürlich nicht ohne digitale Infrastruktur und moderne Cloud-Technologie. Dass die Cloud-Sparte des Konzerns Anfang 2021 über die Hälfte der gesamten Gewinne einfuhr,[12] sollte nicht ungesagt bleiben und wird in der dritten Spielregel ins passende Licht gerückt. All das bedarf einer langfristigen Strategie, einer Vision. Und eines Vorreiters, dem man solche Ziele abnimmt.

Ge(ld)schichten

Während Bezos also Amazons Story ausbaut und Stück für Stück in die Realität umsetzt, werden aktuelle Ergebnisse immer unwichtiger, treten in den Hintergrund. Grundsätzlich braucht jede Story ein reelles wirtschaftliches Fundament, eine schlechte Firma kann kein Storystock werden. Es bedeutet aber, dass die Anleger nicht mehr auf Gewinne und Dividenden schauen, dass sie nicht mehr kurzfristig Geld verdienen wollen. Stattdessen lauschen sie Bezos' Visionen, glauben die Story und sehen vor allem das irre Wachstum. Jeden Tag wächst der Handelsumsatz von Amazon in etwa um die Summe, die in der Hamburger Innenstadt in einem normalen Jahr umgesetzt wird. Unglaublich. Und genau das ist für Anleger wesentlich wichtiger – und einfach wertvoller als Dividenden. Derzeit ist Amazon also verrückte 1,3 Billionen Euro wert. Das ist grob das Dreizehnfache der Allianz.

Geschichten reißen mit, und zwar die Geschichten ebenso wie die Visionäre. Elon Musk ist wie Jeff Bezos, Mark Zuckerberg oder auch Steve Jobs ein weiterer Beleg für diese heldengetriebenen Storystocks: Teslas Story ist die des umweltneutralen E-Autos für jedermann, und zwar in absehbarer Zukunft, nicht in früheren zeitlichen Maßstäben à la VW, Ford und Co. Damit erzählt Elon Musk die Geschichte einer nicht da gewesenen Innovation, von der alle seit Jahrzehnten reden, die aber bislang niemand umsetzen konnte. Diese Erfindergenies sind ein relevanter Teil der Storys: Persönlichkeiten ziehen, schaffen Vertrauen und sind greifbar.

Storystocks – also Aktien, die von solchen Geschichten und oft auch ihren Visionären getragen werden – sind in unseren Börsenindizes im Aufwind. Geschichten sind offensichtlich das, was die Menschen heute bewegt, wenn sie Geld investieren möchten. Sie wollen unbedingt dabei sein, ein Teil solch einer Story sein. Selbst um den Preis ihrer Dividenden – weil es wesentlich lukrativer ist, schaut man sich die Entwicklungen der Storystocks an. Die Visionäre erzählen nämlich nicht nur Geschichten, sie erschaffen auf diese Weise auch zusätzlichen Wert, und zwar ganz konkreten Geldwert. Da können Dividenden nicht mithalten, das haben die Aktionäre verstanden. Wie gesagt, lasst Bezos und Co. entscheiden, was mit unserem Geld passiert, sie wissen es – hoffentlich – besser.

Traumhaft real

Diese neue Spielregel ist spannend, denn sie gibt uns bei diversen Firmen das Gefühl, geradezu in die Zukunft blicken zu können. Neben Amazon und Tesla lassen sich hier nämlich ein paar weitere Unternehmen einreihen, die unseren Alltag massiv verändert haben und dabei zu Beginn ungewöhnlich, jetzt aber unabkömmlich wirken. So hat beispielsweise Netflix das Fernsehen revolutioniert und ist heute eines der größten Medienunternehmen der Welt mit mehr als 207 Millionen Abonnenten.[13] Wenn Netflix eine neue Serie startet wie *Bridgerton, Stranger Things, Damengambit, Tiger King* oder *Black Mirror*, schauen weltweit im ersten Monat fast 80 Millionen Menschen rein. Netflix prägt die Kultur. Wenn in einer erfolgreichen Serie Korsetts getragen werden, schießen die Suchen auf Ebay nach Korsetts komplett durch die Decke, wenn in einer Serie bestimmte Pflanzen auftauchen, werden Tausende von Häusern mit diesen Blumen eingerichtet. Global stilprägend zu sein hilft natürlich zusätzlich, eine Firmenstory zu befeuern.

Gleichzeitig sollte nicht der Eindruck entstehen, dass so eine Story im direkten Gegensatz zu langjähriger harter Arbeit steht, schließlich bringt diese ohne ein richtig gutes wirtschaftliches Fundament nicht viel. Sie bietet keine Abkürzung zum Erfolg, sondern ist in gewisser Weise eine Art Vorschuss auf möglichen zukünftigen Erfolg. Dennoch stellt diese Spielregel der Storystocks weniger innovative oder visionäre Unternehmen vor neue Herausforderungen. Häufig ist es auch für Firmen mit angestelltem Management schwieriger, auf Dauer mitzuhalten und die gleiche Glaubwürdigkeit und Unabhängigkeit zu erreichen, die die genannten Visionäre besitzen. Mit einem »märchenhaften« Firmenwert lässt sich jedenfalls extrem gut arbeiten: Wenn eine Story funktioniert, wenn ein Visionär wirkt, möchten immer mehr Menschen teilhaben, steigt der Aktienkurs – und der Unternehmenswert im Ganzen. Tesla könnte mit einem Teil seiner Aktien Daimler, BMW oder VW aufkaufen – oder alle drei zusammen.

Work hard ...

Für traditionelle Wirtschaftsriesen, schweigsame Mittelständler und alteingesessene Konzerne wie unsere Autohersteller stellt sich nun die Frage, ob sie diesen »Trend« an sich vorüberziehen lassen und hoffen, dass er ohnehin keinen Bestand hat – oder ob sie versuchen, ihre eigene Story aufzuziehen. VW zum Beispiel arbeitet an seinem neuen Narrativ. Das Unternehmen wagt sich damit auf die Storystock-Bühne und positioniert sich dort als neuer Star des elektrischen Fahrens. Klar, hier sitzt schon Tesla, aber nicht als alter, klassischer Verbrennungsmotorenbauer, der sich nun entpuppt.

Generell jedoch ist die Börse in der deutschen Wirtschaft nicht so eine relevante Institution wie in den USA. Wer dort gründet, tut dies mit Eigenkapital, das heißt mit einer Finanzierung durch Teilhaber, Mitgesellschafter, Aktionäre. In Deutschland lag der Fokus über Jahrhunderte hingegen klassischerweise auf Fremdkapital – und wie das Wort schon sagt, gehört das Geld nicht dem Unternehmen, sondern Fremden, meist Banken. Es war bis vor einigen Jahren deutsche Tradition, Firmen mit Bankdarlehen aufzubauen, ohne Beteiligungen zu schaffen und ohne an die Börse zu gehen. Das Resultat ist unser Mittelstand, der uns in den letzten Jahrzehnten als grandioses wirtschaftliches Fundament gedient hat und beim nächsten Börsencrash von Vorteil sein könnte.

Im globalen Wettbewerb hat er aber das Problem, gegen die börsennotierten Unternehmen antreten zu müssen, die – ob mit oder ohne Story – mit ganz anderen Finanzierungsquellen arbeiten können. Denn sie folgen neuen Regeln und einer anderen Mechanik: Sie sind jetzt viel mehr wert, bezahlen mit Aktien oder geben neue Aktien aus und bezahlen mit dem daraus entstehenden Cash. Während die Welt enger zusammenwächst, müssen deutsche Mittelständler sich jede Firmenübernahme, jede neue Fabrik, jedes neue Forschungsprojekt vom hart verdienten Jahresergebnis absparen oder Kredite aufnehmen, während internationale Wettbewerber aus der gigantischen Kapitalquelle Börse schöpfen können. Gerade in Zeiten niedriger Zinsen, wo Millionen von Menschen ihr Geld erst recht an den Aktienmärkten in Firmen investieren, ist das schon ein Wettbewerbsnachteil für viele unserer Firmen. Niemand trägt eine Schuld daran, aber der Mittelstand gerät unter Druck.

... or play harder

Ist es nun doch ein unfaires Spiel? Die einen arbeiten hart und ehrlich für ihr Geld, die anderen hingegen bauen eine »Story« und locken naive Kleinanleger in ihre Firmen? Eher nicht. Es ist gar nicht so einfach, solch einen Story-stock aufzubauen, eine Story als Vision zu konzipieren, die glaubwürdig, relevant, zukunftsgestaltend und mitreißend ist. Zudem muss sie zumindest in Teilen aufgehen, sich ent-wickeln – und gute Zahlen liefern, reelle Zahlen. Denn Fir-men benötigen über kurz oder lang Geld, auch mit Story.

Amazon macht schließlich auch Gewinn. Es könnte kurz-fristig wesentlich mehr machen, doch es reinvestiert einen Großteil davon sogleich wieder und realisiert damit die Sto-ry Stück für Stück. Diese guten Zahlen sind notwendig, um dieses Story-Konzept, diese neue Philosophie durchzubrin-gen. Weder Investoren noch die ganz normalen Anleger sind naiv oder dumm, sie verlangen ein Gesamtpaket. Ohne Story und Authentizität geht es nicht, selbst Elon Musk oder Jeff Bezos brauchen neben einer richtig guten Geschichte, einem grandiosen Ziel gute Zahlen mit Wachstumsperspektive.

Tesla übrigens strapaziert das Vertrauen seiner Anleger mit seinen Zahlen regelmäßig, doch die Gratwanderung geht bisher auf – und in Kombination mit der Story bleibt das Gesamtkonzept stabil, das Unternehmen liefert. Doch es dürfte kaum eine andere Firma auf der Welt geben, deren Zahlen und Zukunftserwartungen so polarisieren. Auf der einen Seite hat selbst der VW-Chef Herbert Diess mir im Podcast erzählt, dass er den Wert von Tesla für gerechtfer-tigt hält. Auf der anderen Seite können sich viele Analysten nicht vorstellen, wie es gelingen soll, eines Tages so viele Teslas zu verkaufen, wie es für die heutige Bewertung notwendig wäre. Sie schauen insbesondere kritisch auf Absatz-statistiken, die zeigen, dass in Elektroauto-Vorreiterländern wie Schweden nicht Tesla vorne liegt, sondern VW. Hinzu kommt, dass Tesla einen Großteil seines Geldes gar nicht mit dem Verkauf von Autos verdient, sondern mit dem Handel mit CO_2-Emissionszertifikaten, also konkret dem Verkauf dieser Zertifikate an Hersteller, die diese benötigen, weil sie noch Verbrennungsmotoren einsetzen. Tja, Tesla bleibt eine der spannendsten Geschichten der Weltwirtschaft.

Rocket-Story

Wenn man in Deutschland nach solchen Geschichten sucht, gerät man jedoch kurz ins Stocken. Zwar versucht sich VW wie gesagt seit einiger Zeit recht erfolgreich an einer Story, doch neue Firmen, die mit einer herausragenden Zukunfts-vision aufwarten, sind bislang rar.

Und eine hat vor Kurzem die Showbühne verlassen: Rocket Internet hatte kurz nach seiner Gründung 2007 die große Vision, weltweit nach Alibaba und Amazon die Nummer 3 der E-Commerce-Plattformen zu werden, jede Menge Firmen zu bauen, die Welt mitzugestalten. Entsprechend zielstrebig ging das Unternehmen 2014 an die Börse. Doch der Plan ging nicht auf. Amazon oder Alibaba zu werden ist ein extrem gewagtes Ziel, das der Starunternehmer und Milliardär Oliver Samwer sich gesetzt hatte. Die Märkte der beiden Mitbewerber waren zu der Zeit bereits viel größer, zu groß – und die Firmen selbst auch: Amazon ebenso wie Alibaba waren schon zu mächtig, um sie noch einzuholen. Zudem war Rocket Internet ganz anders aufgestellt: nicht eine riesige Firma, sondern eine Gruppe aus vielen kleine-ren, jungen Firmen.

Jetzt könnte man einwerfen, dass das doch eigentlich die beste Story schlechthin ist. Oliver Samwer hat die beiden Giganten herausgefordert – mit einer neuen Art, jung, wild, dezentral, gemeinsam stark. Ein paar weitere wirtschaftsromantische Adjektive später zeigt sich jedoch, dass es trotzdem nicht immer gut ausgeht. Rocket Internet war eine richtig gute Firma – daran lag es nicht –, und sie ist es vor allem immer noch, nur eben nicht mehr börsennotiert. Denn die Story, zur drittgrößten E-Commerce-Plattform zu werden, wurde von den Aktionären irgendwann eingefordert – eine Geschichte ohne Umsetzung hält sich nicht ewig. Hinzu kam, dass die Vision der Firma auf Abwege geriet: Eigentlich als der Inkubator, als die Klon-Fabrik schlechthin gestartet, die innerhalb von Wochen neue Unternehmen hochzieht, wandte Rocket Internet sich irgendwann vermehrt Investmentprojekten zu. Und irritierte damit seine Investoren erneut. Man könnte es wie folgt sehen: Die Geschichte, die Glaubwürdigkeit, die Richtung, passte nicht mehr, sodass die Anleger der Firma vermehrt den Rücken zuwandten. Die Story war schließlich so verkorkst, dass sie zum Anti-Storystock wurde.

Zahlreiche der erfolgreichsten deutschen Digitalfirmen sind aus Rocket hervorgegangen – von Zalando über HelloFresh, Westwing bis Delivery Hero und weiteren. Der Wert der in der Klonfabrik entstandenen Unternehmen ist heute mehr als zehnmal höher als der Wert der Fabrik selber. Es ist natürlich eine unfassbare Leistung, über zehn Firmen an die Börsen der Welt zu bringen, und es ist schade, dass der begabteste deutsche Storyteller und Digitalunternehmer mit seiner wichtigsten Story nicht den Erfolg hatte, eine deutsche Firma auf der Weltbühne zu verankern. Den Ehrgeiz und die Fähigkeiten dazu hätte er ganz sicher. 2021 streitet sich Oliver Samwer mit Hedgefonds über die Modalitäten des Börsenrückzugs von Rocket. Es wäre trotz des wahnsinnigen Gesamterfolgs vermutlich sogar noch mehr drin gewesen.

Meanwhile in Germany

Storystocks in Deutschland zu finden bleibt eine Herausforderung. Doch es gibt zum Beispiel Potenzial in der Sparte »Urban Air Mobility«, zu Deutsch kurz: Flugtaxen. Das Thema klingt zukunftsreich – dennoch ist noch vollkommen offen, ob und wie es in absehbarer Zeit realisiert werden kann. Es gibt diverse grundsätzliche Probleme wie die Batterieeffizienz, den Wirkungsgrad der Triebwerke, Lizenzen für den Personentransport und schließlich die Wirtschaftlichkeit. Aktuell sind nichtsdestotrotz (oder gerade deswegen) auf der ganzen Welt 350 Flugtaxi-Entwickler bemüht, Lösungen zu finden. In Deutschland sind es vor allem zwei: Lilium und Volocopter.

Während die Politikerin Dorothee Bär noch 2018 für ihre Begeisterung über die Fantasie rund um Flugtaxen – sie gehörten irgendwie zu ihrem Aufgabengebiet als Staatsministerin für Digitalisierung – belächelt wurde, sieht das heute anders aus: Die Branche rechnet damit, dass wir 2025 eine erste relevante Verbreitung sehen werden, ab 2030 soll ein starkes Wachstum folgen, 2050 soll das Marktvolumen 90 Milliarden betragen.[14] Wer noch immer lächelt: Lilium wird an der Börse jetzt mit rund drei Milliarden bewertet, schon mal die Hälfte der Lufthansa. Die Flugpreise sollen denen klassischer Taxis ähneln, möglichst darunter liegen, die Zeitersparnis definitiv hoch sein. Es geht um Fortbewegung in dicht besiedelten Gebieten, Strecken von Flughäfen in Innenstädte wären prädestiniert, um Geschäftsreisenden

Geld, Zeit und Nerven zu sparen. Ähnlich wie zuvor bei
Uber, Tesla oder Netflix wird wieder eine große Wette auf
die Zukunft gemacht – und ebenso ähnlich wird auf Service
gesetzt, nicht auf Hardware: Flugzeugbauer sind an der Börse nämlich weniger wert als Uber und Co., also deklarieren
die Firmen sich eher als Flugshuttle-Services. Story eben.

Lilium wurde 2015 bei München von vier Ingenieuren gegründet, die in den ersten Jahren bereits 375 Millionen Dollar
von internationalen Wagniskapitalinvestoren einsammelten,
darunter auch der TV-Star Frank Thelen oder die chinesische Digitalfirma Tencent, eine der wertvollsten Firmen der
Welt überhaupt. Im Podcast hat mir Daniel Wiegand, einer
der Gründer von Lilium, Hoffnung gemacht, dass ich 2023
bei seinem Unternehmen einen Flug ordern kann. Bei all den
offenen Fragen zu Technik und Regulierung der Idee sind
durch den Börsengang beziehungsweise die Verschmelzung
mit einer börsennotierten Gesellschaft noch mal 830 Millionen Euro in die Firma geflossen. Insgesamt verfügt das Team
damit über eine Milliarde Euro, um die Vision Wirklichkeit
werden zu lassen. Das muss nicht heißen, dass es am Ende
klappt. Aber die Lilium-Leute haben es geschafft, eine Story
zu verkaufen, die es ihnen überhaupt ermöglicht, mit so viel
Geld zu arbeiten. Jetzt ist es ein Unternehmen ohne Umsatz
und Gewinn mit Milliardenbewertung. So etwas ist gerade
in Deutschland extrem selten, und der weitere Verlauf des
Projekts dürfte in die deutsche Wirtschaftsgeschichte ein-
gehen. So oder so.

13.
Geschäftsmodelle

Es gibt ein weiteres grundlegendes Prinzip, das ich klar in die Liste der Spielregeln unserer digitalen Businesswelt einordne: ihre drei Geschäftsmodelle. Grundsätzlich gibt es nur drei Wege, um online Geld zu verdienen. Der Begriff Geschäftsmodell an sich wird so vielfältig verwendet, dass es schwerfällt, den Durchblick im jeweiligen Kontext zu bewahren. Die einen reden von weit mehr als fünfzig Geschäftsmodellen, die anderen davon, dass jeder Entrepreneur ein neues entwickeln könnte oder sollte. Hier hingegen soll es sich um das klassische abstrakte Konzept drehen, nämlich die Form, wie ein Unternehmen Werte schafft und Gewinne generiert. Also nicht, ob es Kleidung oder Strom verkauft, nicht, ob es Getränke ausliefert oder Consulting betreibt, sondern wie es damit Geld verdient. Entsprechend kommen jetzt die drei essenziellen Modelle, die in der einen oder anderen Form von allen Unternehmen in der digitalen Wirtschaft angewandt werden.

Dass es nur drei sein sollen – wobei es auch diverse Kombinationen aus ihnen gibt –, wirkt auf den ersten Blick vielleicht überraschend, betrachtet man die Masse an Unternehmen, Konzernen oder Start-ups mit all ihren Ideen und

Vorgehensweisen, die sie mal zu Einhörnern, mal zu Zebras machen. Und doch beruhen sie mit ihren Ideen sowie ihrer Art und Weise, Geld zu verdienen, alle auf einem der drei Grundgerüste: Werbung verkaufen, Online-Handel betreiben (E-Commerce) oder digitale Services anbieten (»Paid Services« oder Bezahldienste).

Die drei Modelle werden von Investoren komplett unterschiedlich bewertet. Aus Sicht der Geldgeber, egal ob an der Börse oder im privaten Bereich, ist E-Commerce nicht ansatzweise so attraktiv wie rein digitale Dienstleistungen – man denke etwa an Angebote zur Partnersuche von Parship und Tinder oder digitale Tools wie Datenbanken von Salesforce oder SAP. Schon klar, man kann mit Handel natürlich in absoluten Zahlen mehr Geld umsetzen, aber dieser Umsatz hat einfach eine vergleichsweise schlechtere »Qualität«, denn es bleibt weniger übrig, der Aufwand ist viel höher und der Wettbewerb meist auch. Bevor wir näher auf diesen Punkt zu sprechen kommen, lohnt sich ein kompakter Blick auf die grundsätzlichen Definitionen und Merkmale dieser großen Drei.

Modell I: Werbung

Obwohl wir alle Werbung kennen, als Konsument gefühlt oft zur Genüge mit ihr konfrontiert werden oder selbst mit Werbung Kunden zu gewinnen versuchen, geht es um die dritte Kraft in diesem Spiel. Gemeint sind diejenigen, die damit Geld verdienen, wenn Anbieter Werbung schalten und Konsumenten auf diese reagieren. Klassische Beispiele hierfür waren früher vor allem die Medien. Private Fernsehsender wie RTL oder Sat.1 bieten auch heute noch Audi, Zewa und Co. Werbeplätze an, um ihr Programm zu finanzieren.

Zeitungen und Zeitschriften wie *Stern*, *Brigitte* oder *Bild* erzielten bis zu 50 Prozent ihrer Einnahmen durch Werbung (und tun es weiterhin), viele regionale Tageszeitungen finanzierten sich über die wöchentliche Beilage von Aldi, Penny und Co. Das bedeutet: Ein Standbein dieser Medienunternehmen war Werbung – nicht Information, Handel oder Wissen.

Heute funktioniert das noch immer, Umsetzung und Player sind jedoch andere geworden. Dank der Möglichkeiten, gezielter und damit profitabler im Netz zu werben, sind nicht nur Verlage erheblich unter Druck gekommen, sondern wie schon erwähnt auch manche Werbetreibende wie Müller mit seiner Milch und andere große Unternehmen, die es sich früher leisten konnten, im Fernsehen die breite Masse anzusprechen. Das Grundprinzip des Modells Werbung jedoch ist geblieben: für eine Zielgruppe so attraktive Inhalte anbieten, dass eine andere Gruppe Geld dafür bezahlt, in irgendeiner Form in diesen Inhalten oder in diesem Medium aufzutauchen. Im Sportumfeld gibt es also Werbung für Sportklamotten oder gleich für Bier, in der Fashion-Zeitschrift Werbung für Kleidung und Lifestyle-Produkte.

Und im Internet? Gibt es das auch, dazu gibt es aber auch Werbung für vegane Hafermilch, Strickwolle für DIY-Fans, Energieriegel für Kampfhunde – für alle, die gezielt nach diesen oder anderen Dingen suchen. Auf Facebook, bei Google und Amazon. Natürlich auch – in kleinerem Maße – bei vielen anderen Webseiten, Plattformen und Online-Händlern, doch dazu später mehr.

Modell II: E-Commerce

Der »gute alte Handel« mag man fast sagen – er hält sich auch in Internetzeiten. Ob Lebensmittel oder Kleidung, Bücher oder Hardware, Reisen, Matratzen oder Autos, der Handel mit Ware wird im digitalen Zeitalter nicht sterben, im Gegenteil. Und so verkaufen die einen ihre eigenen Produkte, während andere als Zwischenhändler fremde Produkte einkaufen und so versuchen, damit Geld zu verdienen. Schließlich brauchen die Kunden Waren, die Hersteller hingegen Kunden, Logistik sowie die gesamte Abwicklung der Transaktionen. Was früher der Tante-Emma-Laden und dann größere Handelsketten analog übernahmen, haben nun in vielen Bereichen unseres Konsumentenlebens viele Online-Shops der Hersteller selbst, aber auch Amazon, Zalando und Co. übernommen.

Modell III: Digitale Services

Nomen est omen: Mit diesem Modell stellen Unternehmen digitale Dienstleistungen kostenpflichtig zur Verfügung. In der konkreten Umsetzung beinhaltet es jedoch eine Vielzahl an unterschiedlichen Leistungen – von Dating-Diensten über Streaming-Angebote und den Zugang zu Marktplätzen bis zu Datenbanklösungen. Ob Parship, Netflix, Ebay oder SAP, sie alle bieten Paid Services an – rechnen allerdings nicht unbedingt auf die gleiche Weise ab. Kunden von Parship erkaufen sich die Freischaltung ihres Accounts als Service, mit welchem sie Zugang zur Plattform und damit zu potenziellen Partnern erhalten. Bei Netflix ergattern sie mit dem Account ihr 24/7-Streaming, bei SAP oder Salesforce ihre Software als Dienstleistung. Diese Beispiele verwenden Abos als Abrechnungsmodell, während Ebay, ImmoScout24 und andere Marktplätze ebenfalls Paid Services sind, allerdings mit Provisionen aufseiten der Anbieter arbeiten.

Besonders die Kombination von Paid Service und Abo zeichnet sich immer wieder als clever und lukrativ aus. Nicht ohne Grund setzen so viele digitale Services auf das Abo-Bezahlmodell, ob als »Software as a Service« (SaaS) oder in Form einer Paywall. Mit Letzterem versuchen viele journalistische Anbieter, ihre Services wieder profitabel zu machen, und wenden sich damit direkt an Endkunden. Das SaaS-Angebot nutzen hingegen vornehmlich Unternehmen, die sich an andere Unternehmen wenden, mit ebensolchem Erfolg. Was früher wie haptische Ware gekauft wurde – beispielsweise eine CD mit einem Antivirenprogramm –, ist heute ein Service, den wir abonnieren, um ständig auf dem aktuellen Stand zu sein. Und »Software as a Service« war nur ein erster Schritt zum »Everything-as-a-Service«-Modell, denn inzwischen lässt sich gefühlt fast alles als Dienstleistung abonnieren, sogar Autos.

Die aktuell bekannten und ebenso erfolgreichen Abo-Anbieter sind in diesem Buch schon mehrfach aufgetreten, ob Amazon Prime oder Peloton. Es bleibt ein smarter Move, sein Produkt nicht einmal zu verkaufen und den Kontakt zum Kunden dann im schlimmsten Fall zu verlieren, sondern ihn mit einem servicelastigen Angebot an sich zu binden – und ihn dabei auch noch glücklich und zufrieden zu halten.

Eine andere große Spielform von Paid Services sind Marktplätze. So analog und archaisch dieser Begriff auch klingen mag, er trifft noch immer genau das, was schon damals auf dem Marktplatz im Dorf funktioniert hat und was noch heute auf digitalen Marktplätzen entscheidend ist: die ideale Mischung aus Angebot und Nachfrage am richtigen Ort zur richtigen Zeit. Gut, Zeit spielt online eine etwas andere Rolle, aber das Prinzip bleibt: Auf Marktplätzen versammelt man Menschen, die dort das finden, was sie suchen, und zwar effizient. Kunden finden Produkte, Händler finden Kunden – und die Auswahl ist für beide groß. Sie in dieser Auswahl zusammenzubringen, übernimmt bei einem Marktplatz ein Dritter, der die nötigen Fähigkeiten inklusive Kontakte mitbringt – und dann Standgebühren einfordert.

Im Internet verfolgen Marktplätze die gleiche Grundidee. Ob es um den Hauskauf geht, um besondere Einzelstücke von Kleidung und Möbeln oder um so ziemlich alles von Welpen bis Autos: ImmoScout24, Ebay und Alibaba zeigen, wie man einen Marktplatz hochzieht und nutzt. Doch auch Airbnb, Etsy, Maschinensucher.de oder Fiverr sind erfolgreiche Marktplätze, und es gibt noch viele mehr, ob für die breite Masse oder passend für eine spezielle Nische.

Marktplätze sehen auf den ersten Blick trivial aus, einmal erfolgreich, liefern sie vermutlich mit die besten Gewinnspannen im Sinne von Marge oder Umsatzrendite in der gesamten Wirtschaftswelt. Aber: Einen Marktplatz zu bauen ist für Start-ups vermutlich eine der größten Herausforderungen: Man braucht eine relevante Größe, und zwar auf beiden Seiten. Verkäufer und Käufer müssen zeitgleich zufriedengestellt und die Käufer vorher erst mal auf das Angebot aufmerksam gemacht werden. Als Händler kann man zu einem Marktplatz gehen und muss »nur« noch die Käufer finden. Doch wer es schafft und einen Marktplatz hochzieht, hat im Gegenzug eine ganz andere Marge als der Händler: Er erhält häufig Provisionen oder rechnet eine Leistung ab, und diesen Einnahmen stehen, wenn der Marktplatz einmal läuft, vergleichsweise geringe Kosten gegenüber.

Häufig gelingt es erfolgreichen Marktplatzbetreibern zudem relativ leicht, ihre Preise durchzusetzen, denn viel Wettbewerb kann es nicht geben. Im Marktplatzgeschäft gilt häufig: »The winner takes it all«, den viertgrößten Marktplatz zu besuchen hat einfach selten Sinn – weder für Käufer noch für Verkäufer. Der marktführende Marktplatz profitiert also doppelt und dreifach. Zudem bieten sich viele weitere Monetarisierungsoptionen: Marktplätze müssen nicht zwingend das Paid-Service-Geschäftsmodell nutzen, sondern können auch allein oder zusätzlich mit Werbung ihre Gewinne erzielen.

Vorteile, Nachteile, Anteile

Punkt. Mehr Modelle gibt es nicht im digitalen Business. Es ließen sich zig Unternehmen, allesamt als Internetfirmen deklariert, aufzählen – und bei allen griffe eines der drei Modelle oder ein Mix aus ihnen, ob Kleinstunternehmen, Mittelständler, Konzern oder Aktiengesellschaft. Als spannender jedoch erweisen sich die bereits erwähnten Unterschiede zwischen den Modellen und damit zwischen den Firmen, denn Erstere weisen teils erhebliche Vor- und Nachteile bei Wettbewerb, Marge und weiteren Aspekten auf, die sich nicht nur im Gewinn der Unternehmen bemerkbar machen.

So ist die Größe der Unternehmen allein an sich nicht unbedingt ausschlaggebend, es gilt nicht: je größer, desto höher der Wert. Zudem reicht auch der Umsatz nicht zur objektiven Berechnung: Ein Unternehmen, das 100 Millionen Umsatz macht, muss nicht so wertvoll sein wie ein anderes, das ebenfalls 100 Millionen Umsatz macht. Wirkt auf den ersten Blick vielleicht seltsam, ist es aber nicht. Denn der Wert eines Unternehmens ergibt sich aus der Kombination verschiedener Faktoren wie Gewinn, Marge, Wachstum, Größe, Kundentreue und deren Wechselwirkungen.

Die Macht der Marge – oder: E-Commerce gegen den Rest der Welt

Unbestritten ein entscheidender Faktor für die Rentabilität eines Unternehmens – und für den Erfolg seines Geschäftsmodells – ist die Marge oder Umsatzrendite, also die Differenz zwischen Umsatz und Kosten. Wenn ich ein Produkt oder eine Dienstleistung für 100 Euro verkaufen kann, es mich aber 99 Euro in der wie auch immer gearteten Herstellung kostet, ist meine Marge mit einem Euro oder einem Prozent klein. Kostet das Produkt oder die Dienstleistung mich hingegen 50 Euro bis zum Verkauf für 100 Euro, so ist meine Marge mit 50 Euro oder 50 Prozent sehr hoch. So trivial das zunächst klingen mag, das Beispiel verdeutlicht recht schnell die Rolle des Aufwands – und des Modells.

Wie gesagt ist Handel im digitalen Zeitalter alles andere als verloren gegangen. Und doch hat er Nachteile, die man digital nicht nur kaum loswerden kann, sondern zudem stark zu spüren bekommt, zumindest im Vergleich zu den anderen Modellen. Wer handelt, braucht Ware und Mitarbeiter. Die Ware muss produziert werden und benötigt Raum, Transport, Logistik et cetera. Teils bedarf es großer Mengen Rohstoffe und Lagerräume, die gemietet oder gekauft werden wollen. Das alles muss bezahlt werden – und mindert die Marge beträchtlich: Der Händler muss all diese Kosten erst abziehen, bevor er etwas von dem Geld sieht.

Wenn ein Unternehmen also Schuhe verkauft, müssen diese hergestellt, verpackt, verschickt werden, Paar für Paar. Natürlich hat Zalando alle Register gezogen, Einkaufskonditionen optimiert, Größeneffekte genutzt – und damit seine Kosten so weit heruntergefahren wie möglich. Doch diese lassen sich nicht vollständig eliminieren: Die nächste verkaufte Einheit kostet dennoch Geld, die Schuhe – ob zehn Paar oder zehntausend – müssen dennoch in einen Karton und zum Paketdienst. Zalando und andere Händler sind aber erfolgreich, da sie die berühmte Formel sehr gut anzuwenden wissen und ihre Kunden lange halten beziehungsweise neue smart und günstig ersteigern.

Und es kommt noch besser für den E-Commerce, denn Corona hat gezeigt, wie viel Wachstumspotenzial besteht, dass es sich rechnet, hier aktiv zu sein. Zalando, Amazon, HelloFresh, About You und viele mehr sind Paradebeispiele dafür, dass Handel beständig ist und im Zweifel auch ein Modell der Zukunft bleibt. Dennoch: Dem Modell sind weitere Grenzen gesetzt. Schuhe kaufen Menschen regelmäßig, sodass es grundsätzlich möglich ist, sie länger als Kunden zu halten und nicht nach jedem Einkauf wieder zu verlieren. Eine Matratze jedoch – so gut sie auch sein mag – kaufen wir ja im Schnitt nur etwa alle sieben Jahre. Den Kontakt währenddessen aufrechtzuerhalten ist praktisch unmöglich, wie manche Matratzen-Start-ups und weitere Firmen schmerzhaft zu spüren bekamen. Und damit sinkt der Kundenwert enorm, besonders im Vergleich zu Abos. Ein Kunde ist halt nicht so wertvoll, wenn man ihn nicht halten kann. Abos fühlen sich umgerechnet auf eine Einheit wie einen einzelnen Song, ein einziges Video oder eine einzelne Trainingsrunde viel zu günstig an, um sie zu kündigen, selbst wenn wir gerade keine Serie schauen oder kein Radtraining machen.

Die Grenzen des Handelsmodells machen sich in diesem Vergleich aus einem weiteren Grund bemerkbar: Während ich ein Paar Schuhe – nicht das Modell, sondern das haptische Paar – nur genau ein einziges Mal verkaufen kann, lässt sich ein Paid Service wie eine Software oder ein Film im Abo-Stream unendlich oft vermieten, also zu Geld machen. Es kostet einfach nichts zusätzlich, noch einen weiteren Kunden bei Parship für die Premium-Variante freizuschalten, wenn der Marktplatz und die Software ohnehin schon da sind. Damit wird offensichtlich, warum das E-Commerce-Modell in seiner Wertigkeit gegenüber den digitalen Services nicht mithalten kann. Auch Netflix hat kaum Kosten für die Bedienung von Neukunden, es hat den tollen Film bereits produziert oder gekauft, er wird jetzt nur nochmals geschaut. Ob tausend- oder zehntausendmal, ist Netflix egal, das kostet kaum Geld – ganz im Gegenteil nimmt das Unternehmen pro Neukunde Geld ein, ohne den Film jedes Mal neu kopieren, aufnehmen, versenden geschweige denn drehen zu müssen. Damit hat das nächste verkaufte Abo eine viel höhere Gewinnmarge als das erste Abo. Und deshalb sind Paid Services im Abo eben so verdammt wertvoll.

Und täglich grüßt der Umsatz

Es ist also nachvollziehbar, dass Firmen mit Handelsmodell sich vermehrt umorientieren. Selbst Apple baut seit einiger Zeit sein zweites Standbein auf. Denn iPhones sind und bleiben ein geniales Produkt, doch die wenigsten Menschen werden jedes Jahr ein neues Modell kaufen. Zudem ist die Treue der Apple-Jünger zwar gewaltig, aber keine Garantie dafür, dass die Leute immer wiederkommen und immer wieder kaufen. Also hat Apple seinen »Lock-in« und damit die Bindung an seine Kunden erhöht, sie im wahrsten Sinne des Wortes in seinem System »eingeschlossen«. Mit dem iPhone als Magnet zieht es seine Kunden in seine bezahlten Services und verbessert im selben Augenblick sein Geschäftsmodell weiter. Ein anderer Begriff lautet »Recurring Revenues«, also wiederkehrende Einnahmen – die zudem möglichst perfekt kalkulierbar sind und kaum Aufwand bedeuten. Diese sind beispielsweise gegeben, wenn Apple seinen App-Store zur Verfügung stellt und bei jeder Transaktion mitverdient. Kauft ein iPhone-Nutzer dort eine App, so erhält Apple automatisch einen Anteil. Es hat dort also seine Zollhäuschen aufgestellt und erhebt fröhlich Gebühren, die regelmäßig und zwangsläufig anfallen.

Wem das verrückt erscheint, steht nicht ganz allein da. Es läuft ein großer Rechtsstreit, der klären soll, wie verrückt das ist und ob überhaupt so zulässig. Der Videospieleentwickler Epic Games versucht zu erwirken, dass Apple nicht »einfach so« 30 Prozent des Preises im ersten Jahr und danach immer noch 15 Prozent erhält, wenn Spieler in der App digitale In-Game-Gegenstände wie zusätzliche Waffen kaufen.[15] Spotify hat wegen dieser Methode bereits 2019 eine Kartellbeschwerde eingereicht. Da Epic Games auf iPhones keinen eigenen Shop errichten darf, sieht die Firma hier die Ausnutzung von Dominanz seitens Apple. Apple versucht ein zusätzliches Geschäftsmodell aufzubauen, das sich ideal an seine Hardware-Schiene anlehnt, und hält dagegen, dass es nun mal großen Aufwand gehabt habe, einen verlässlichen, technisch einwandfreien, weltweit verfügbaren Ort wie seinen App Store überhaupt zu erschaffen. Es sei genau andersherum: Ohne den App Store und dessen globale Distributionsmöglichkeiten wären Spotify oder Epic und viele andere App-Unternehmen niemals da, wo sie heute sind. Unzweifelhaft ist der App Store somit ein gigantisches Rückgrat, auf dem in den letzten Jahren viele neue Firmen entstanden sind, die es sonst niemals gäbe.

Mal schauen, wie der Streit am Ende ausgeht und ob es

in unterschiedlichen Ländern unterschiedliche Sichtweisen geben wird. Den meisten Nutzern ist es egal, sie beachten nur den Endpreis und wissen oft genug gar nicht, dass nicht die gesamte Gebühr an das Zielunternehmen geht. Und solange die »regulierenden Mächte« nicht regulieren, liegt es mal wieder in der Natur unserer Marktwirtschaft, dass Apple die praktisch nicht vorhandenen Grenzen ausreizt, bis sie sich verschieben. Dass es diese Grenzen gerade im Abo- oder Bezahlservice-Bereich zu dehnen versucht, ergibt ökonomisch auf jeden Fall Sinn.

Von Bären und Stieren

Bevor die Werbung kommt, werfen wir noch einen Blick auf die Konsequenzen der Modelle an der Börse, denn dort werden ihre Unterschiede ebenfalls klar sicht- und bewertbar. Der Unternehmenswert einer börsennotierten Firma wird wie erwähnt errechnet, indem der Preis einer einzelnen Aktie mit der Gesamtzahl aller ihrer Aktien multipliziert wird. So weit, so gut, alle Firmen werden nach dieser einfachen Rechnung bewertet, was ja logisch, mathematisch korrekt und völlig objektiv klingt. Was jedoch beim »Preis einer Aktie« ein entscheidender Faktor, ein weiterer Joker neben Aspekten wie Story oder bisherigem Erfolg ist, ist die Marge, die ein Unternehmen erzielen kann.

Das ist grundsätzlich nichts Neues, hat aber auf dem Aktienmarkt eine enorme Auswirkung auf die Bewertung digitaler Firmen, schließlich gibt es nur die drei Geschäftsmodelle und ihre potenziellen Margen. Und so hat Netflix mit seinem Paid-Service-Modell Anfang 2021 einen Börsenwert von 223 Milliarden Euro und Zalando als Händler einen Wert von »nur« 22 Milliarden Euro. Während Zalando demnach in etwa ein Zehntel von Netflix wert ist, macht es mit circa acht Milliarden Euro Umsatz aber mitnichten nur ein Zehntel des Umsatzes des Streamingdiensts, sondern in etwa ein Drittel (Netflix hat 25 Milliarden Euro Umsatz).[16] Die Börse straft jedoch sozusagen die schlechtere E-Commerce-Marge von Zalando ab und bewertet das Unternehmen mit dem Dreifachen seines Umsatzes, während es Netflix belohnt und fast mit dem Zehnfachen bewertet.

Diese »Multiples« beziehen sich als Vergleichsgrößen nicht nur auf die Umsätze von Unternehmen. Größe, Story und vor allem Wachstum sind weitere relevante Faktoren. Und so mag man gegebenenfalls zu Recht den Einspruch einlegen, dass sich diese Firmen schlecht miteinander vergleichen lassen oder nicht nur aufgrund ihrer Geschäftsmodelle so große Unterschiede aufweisen. Zalando als recht junges deutsches Unternehmen Netflix entgegenzusetzen ist in der Tat etwas gewagt, zeigt aber die Wertigkeiten der Modelle in Relation zueinander. Sie sind jedoch nicht für alle Unternehmen im jeweiligen Modell gleich: Nicht alle E-Commerce-Firmen werden mit dem Dreifachen ihres Umsatzes bewertet und nicht alle Paid-Service-Modelle mit dem Zehnfachen.

Snowflake zum Beispiel ist ein 2012 gegründetes Unternehmen, das cloudbasierte Datenlagerung beziehungsweise -organisation für Unternehmen anbietet und sich damit im Paid-Service-Modell bewegt. Das Thema klingt so speziell oder unverständlich, wie es aktuell für viele noch ist, doch es ist ein Zukunftsmodell: Jede Firma und damit jeder potenzielle Kunde von Snowflake hat immer mehr und immer komplexere Daten und Datenstrukturen – während ihre Fähigkeiten im Umgang mit diesem neuen Öl noch lange nicht so elaboriert sind. 2020 hatte Snowflake einen Umsatz von rund 600 Millionen Dollar. Mit einer Marge von circa 60 Prozent lag sein Börsenwert zwischenzeitlich bei sage und schreibe 112 Milliarden Dollar,[17] oder anders ausgedrückt, beim über 180-Fachen seines Umsatzes. Paid-Service-Modell hin oder her – was war passiert?

Wachstum. Bislang fehlte diese Komponente in der Betrachtung, doch sie spielt für Unternehmer, Investoren, Börse und Co. eine wichtige Rolle. Neben Marge, Modell, Größe und Gewinn ist es ein relevanter Faktor, um den Wert einer Firma zu errechnen. Eine Firma, die im Vergleich zum Vorjahr um 30 Prozent wuchs, ist wesentlich mehr wert als eine, die in den letzten zehn Jahren zwar Gewinn machte, aber kein Wachstum aufzeigte. HelloFresh hat 2020 nicht nur seinen Umsatz im Vergleich zu 2019 verdoppelt, Gewinn eingefahren und damit seinen Wert gesteigert, das Unternehmen ist zudem gewachsen. Zalando konnte ebenfalls mit Wachstum punkten und im Wert steigen – und Snowflake auch. Doch die Zahlen zeigen, wie komplex das Zusammenspiel zwischen den Faktoren Marge, Modell, Größe, Story oder Wachstum ist.

Obwohl sich nicht zu 100 Prozent vorab festlegen lässt, wie hoch der Multiplikator wird, erlauben die Geschäftsmodelle der jeweiligen Unternehmen durchaus, eine gewisse Bandbreite vorherzusagen. E-Commerce-Firmen liegen im Ranking der attraktivsten Unternehmenswert-Multiplikatoren aufgrund der geringeren Margen ihres Handelsmodells auf einem hinteren Platz – so erfolgreich sie innerhalb dieses Modells auch sein mögen. Das Paid-Service-Modell hat sich im Vergleich bereits eindeutig als Variante mit attraktiveren Multiplikatoren gezeigt. Lang laufende Abo-Beziehungen haben oftmals hohe Margen, sodass die Firmen mit diesem Geschäftsmodell entsprechend attraktiv bewertet werden, und das nicht nur bei Endkunden-Abos wie Disney+ oder Netflix. Die hohen Bewertungen von Anbietern im B2B-

Bereich spiegeln dies ebenso. So ist beispielsweise SAP eine der wertvollsten deutschen Firmen überhaupt. Das Geschäftsmodell? Basiert im Wesentlichen auf einem Abo-Modell mit Geschäftskunden. Dazu ist die Software von SAP in den Kundenunternehmen häufig so tief verwurzelt, dass sie kaum schnell ausgetauscht werden kann, die Beziehungen sind also auf lange Dauer angelegt. Genau das wird an der Börse mit einem hohen Multiplikator auf den Umsatz bewertet, hier eben mit dem Faktor fünf.

Hauptsache Werbung

Während also das Paid-Service-Modell eindeutig besser dasteht als E-Commerce und höher bewertet wird, bleibt die Frage, wie es sich mit dem Modell Werbung verhält. Auf den ersten Blick scheint die Marge ebenfalls hoch, schließlich müssen Produkte nicht (wiederholt) hergestellt werden. Doch Obacht: Nicht nur die Börse schaut sehr genau hin, denn in diesem Modell gibt es ein paar Feinheiten, wie wir sie im E-Commerce bereits gesehen haben, nur noch massiver und unumgänglicher. Wer also meint, Werbung sei die Goldgrube unseres digitalen Zeitalters, irrt. Zumindest heute.

Wie früher in Printprodukten und im Fernsehen wurde vor 20 Jahren Werbung auch im Internet angeboten: *Spiegel Online*, Yahoo!, Facebook und andere »Medien«-Seiten hatten Werbeflächen – meist in Form von Bannern –, die Unternehmen kauften, um ihre Produkte anzupreisen. Das war für alle Werbetreibenden »normal«, und fast wie in der analogen Welt waren es Marketinginvestitionen, von denen man hoffte, sie richtig einzusetzen. Bis Google kam und einen großen Bruch in diese altbewährte Systematik reinbrachte.

Denn die Suchmaschine begann, Werbung unmittelbar

über oder neben den Ergebnissen anzuzeigen – was seinerzeit eine Innovation war: Jetzt reagierte die Werbung sozusagen. Wenn jemand nach einem Gartenschlauch googelte, bestand eine ganz andere Wahrscheinlichkeit, dass diese Person einen Gartenschlauch kaufen wollte, als wenn er die Zeitschrift *Mein Garten* las. Ein Kauf war jetzt erheblich wahrscheinlicher – und für den Schlauchverkäufer die Werbung auf Google natürlich sinnvoller, gezielter und lukrativer.

Mit diesem neuen System platzierte man plötzlich Werbung exakt dort, wo fast eindeutig war, dass Menschen genau das suchten, genau dafür Kaufinteresse zeigten: Sobald die Keywords «rote Schuhe» eingegeben wurden, ploppte eine Werbung von Zalando auf – weil das Unternehmen genau diese Begriffe für sich besetzte. Selbst die Angabe der Farbe ist schon ein Meilenstein, wenn man bedenkt, wie Schuhe oder Mode zuvor beworben wurden.

Und es kam noch besser. Denn Google hat dieses System immer weiter verfeinert, die Möglichkeiten immer granularer auf kleinste Details heruntergebrochen. Jemand sucht eine Wohnung in Hamburg mit x Quadratmetern im Viertel y? Dann will – als fiktives Beispiel – Immoscout24 immer seine Werbebanner ausspielen. Oder nein, nicht immer, aber immer zwischen 6 und 9 Uhr morgens sowie 18 und 21 Uhr abends. Und nur im Umkreis von 80 Kilometern rund um Hamburg. Diese inhaltliche und formale Perfektion führte schließlich dazu, dass Google auch seine Preise komplett neu aufsetzte und damit das Tarifsystem für Werbung revolutionierte.

Die Auktion ist eröffnet

Zunächst wurde und wird bis heute Werbung in Tausend-Kontakt-Schritten berechnet: Nehmen wir den *Spiegel*: Bei einer Million Leser kostet eine Anzeigenseite etwa 40 000 Euro, damit ergibt die Berechnungsformel für den Werbetreibenden einen Tausenderkontaktpreis (TKP) von 40 Euro. Die Frage, wie hoch dieser Tausenderkontaktpreis in einem Medium ist, hängt somit nicht mehr an der Reichweite, sondern am Umfeld: Bei einer speziellen, zugespitzten Zielgruppe mit schwer zu erreichenden, exklusiven Menschen ist dieser Preis höher als bei einer großen Gruppe von zum Beispiel Fußballfans, die einfacher zu erreichen sind. Auch mein Unternehmen OMR kann einen höheren TKP nehmen, weil unsere Zielgruppe Menschen umfasst, die sich für Digitalwirtschaft interessieren. Diese Gruppe ist recht klein, anderweitig schwer erreichbar und vertritt häufig zahlungskräftige Firmen, ist also alles in allem für Werbekunden besonders attraktiv und wertvoll.

Nun erschuf Google mit seinen ohnehin schon gut berechenbareren Keywords und konkret suchenden Kunden wesentlich bessere und komplexere Strukturen. In der Konsequenz war es nicht mehr so einfach möglich, einen Preis für einen Werbeplatz anzugeben. Selbst die Primetime des Fernsehens gab es nicht mehr – denn jetzt gab es viele individuelle: Zu Beginn eines jeden Jahres haben beispielsweise Dating-Anbieter ihre Primetime, da viele Menschen sich vornehmen, dieses Jahr nicht wieder solo zu verbringen. Oder mit ihren überflüssigen Kilos – das heißt, auch Anbieter von Diäten und körperbezogenen Leistungen haben hier ihre Primetime. 52 Mal im Jahr gilt für den Handel sonntagabends generell: Couchzeit ist Shoppingzeit. Und wenn es regnet, sind ebenso viele Menschen allein in Ermangelung von Alternativen im Netz und bereit zu konsumieren. Dazu kommen explodierende Preise in den bekannten Zeiträumen wie an Weihnachten, an Ostern oder für Blumenhändler am Muttertag.

Also schuf Google sein Auktionssystem: Frag nicht nach dem Preis des Keywords deiner potenziellen Kunden, sondern biete um die Klicks. So hoch, wie es sich für dich eben lohnt. Die meisten Werbetreibenden waren begeistert, das neue System ist schließlich wesentlich durchsichtiger als die alten Strukturen. Man weiß genau, für was und für wen man wie viel Geld ausgibt, kann die Kunden besser bestimmen, ihre Intention und ihr Kaufinteresse erkennen und kleinteiliger investieren. Müller und Co. hatten ja genau damit ihre Probleme, sodass die Welt für sie komplizierter wurde, für viele andere jedoch nicht. Und so erschien Googles System dank der reichweitenstarken Stellung der Suchmaschine erst mal uneinholbar. Bis Facebook seine Kopie dieses Systems entwickelte.

Der Schritt lag nahe, denn das soziale Netzwerk hatte eine vergleichbare Reichweite. Ihm fehlte zwar die direkte Verbindung zu den Kaufwünschen. Was aber zuhauf vorlag und dieses »Defizit« wettmachte, war die Unmenge von anderen Daten über die Menschen. Über Alter, Geschlecht, Wohnort und Job hin zu Hobby, Gesinnung, Freundschaften und sonstigen Interessen lässt sich so ziemlich alles auslesen – und nutzen. Also setzte Facebook ein ähnliches Auktionssystem auf und ließ Werbetreibende Kontakte ersteigern. Welche Zielgruppe soll es genau sein? Wie alt, mit welchen Interessen, aus welchen Weltregionen? Aufgrund des fehlenden Wissens hinsichtlich eines Kaufwunschs ist es nicht ganz so perfekt, aber dennoch um Welten effizienter als der alte Tausenderkontaktpreis in einer Zeitung oder beim *Spiegel*.

Dreifaltigkeit in Ewigkeit?

Diese Positionierung der beiden Konzerne mit ihren Versteigerungskonzepten hat den Werbemarkt weltweit auf den Kopf gestellt. Und da parallel klassische Medien wie Zeitschriften, Radio und Fernsehen an Lesern, Hörern und Zuschauern verloren, beschleunigte sich dieser Wandel, bis »plötzlich« zwei gigantische Werbeplattformen den Markt uneinholbar beherrschten. Den Unternehmen, die Werbung machten, war dies verständlicherweise egal, sie konnten so ihr Geld effizienter ausgeben. Für die anderen hingegen, die sich früher auch durch Werbung als Geschäftsmodell finanzierten, war diese Entwicklung ein mittelschweres Desaster, denn der Markt verschob sich so grundlegend, dass sie kaum mehr mithalten konnten. Die Qualität und das Preis-Leistungs-Verhältnis wurden bei den beiden Riesen unschlagbar.

Und so verdienen Google und Facebook zum großen Teil ihr Geld mit Werbung, nutzen ihre Datenmengen und Strukturen und erschaffen immer neue Anzeigenformate, die exakt auf ihr Modell ausgerichtet sind. Auf ein Modell, das praktisch Milliarden von Menschen und Abermilliarden an Informationen einbindet. Wer könnte ihnen diese Position noch streitig machen? Aktuell niemand. Außer Amazon.

Der Alleskönner hat auch beim letzten der drei Geschäftsmodelle nicht lange auf sich warten lassen und seine Chance genutzt. Denn dank der riesigen Auswahl starten immer mehr Menschen ihre Produktsuche direkt bei Amazon: Anstatt wie früher zu googeln, geben sie ihre Produktsuche direkt auf der Plattform ein. Das klare Kaufinteresse ist damit sicher gegeben, was für die Werbetreibenden ein riesiges Plus ist – und für Amazon ein weiteres erfolgreiches

Geschäftsfeld. Heute versteigert Amazon Werbeflächen auf seiner Plattform genau wie bei Google. Das Ganze ist schon so stark, dass Amazon damit eine grandiose Marge erzielt und Milliarden verdient.

Mit den drei Riesen scheint der Markt besetzt. Vor einigen Jahren hätten vielleicht noch weitere große Wettbewerber entstehen können. Einer hätte Instagram sein können, doch hat Facebook rechtzeitig die Notbremse gezogen und das Start-up in einem der besten Firmenkäufe aller Zeiten übernommen. Der Kaufpreis 2012 war eine Milliarde Dollar, der Wert von Instagram als Teil von Facebook beträgt heute grob geschätzt mehrere Hundert Milliarden. Facebook hat Instagram einfach sehr gut monetarisiert, die Reichweite wuchs weiterhin schnell. Für die Werbebranche ist der Fokus auf das Medium Bild grundsätzlich passend und lukrativ – es sagt mehr als Worte, vor allem in Zeiten kurzer Aufmerksamkeitsspannen. Für Facebook ist es perfekt gelaufen.

Die zweite ernst zu nehmende Konkurrenz hätte YouTube werden können, doch Google war schneller. Bewegtbild in allen erdenklichen Formen und die Rolle als Bewegtbild-Suchmaschine für Millionen von Menschen waren verdammt gute Zutaten für einen Platz im Werbemodell. YouTube selbst wirkt nicht so dynamisch und jung, sein System nicht so perfekt wie Google selbst, aber doch gut genug, um das Spiel etwas durcheinanderzubringen – hätten die Erfinder des Werbeauktionsgeschäfts nicht 2006 für circa 1,3 Milliarden Euro zugegriffen und die Videoplattform gekauft.

Unternehmen wie Twitter, Pinterest oder Snap haben noch die Chance, sich ein kleineres Stück des Werbekuchens einzuverleiben. Sie sind jedoch jedes für sich etwas zu klein, um richtig gefährlich zu werden, ihre Reichweiten sind aktuell nicht hoch genug. Und so bleibt ein Großteil des Markts, vermutlich sind es über 80 Prozent, zwischen den drei

Werbeökosystemen Google, Facebook und Amazon mehr oder weniger aufgeteilt. Aber nicht jedes Unternehmen ist »käuflich«: TikTok zum Beispiel ist es nicht – und wirft Szenarien auf, die das Gesamtgefüge ändern könnten.

In der Peripherie

Das Modell Werbung ist also extrem lukrativ, hat eine hohe Marge – und ist besetzt? Grundsätzlich lässt sich durchaus sagen: Um Google und Co. kommt man bei Werbung nicht mehr herum – zu gut das Targeting, die Reichweite, das System. Die Marktstruktur scheint zementiert, die Luft zum Atmen ist für Wettbewerber dünn geworden. Was aber Erfolg verspechend bleibt: eine Nische finden und in ihr als Spezialist einen Platz besetzen.

Meine Firma OMR hat sich zum Beispiel eine mikroskopisch kleine Nische im Werbegeschäft erarbeitet, neben der bereits erwähnten digitalwirtschaftlich interessierten Zielgruppe vor allem mit Podcasts. Wir sind mit unserer Firma Podstars in Deutschland einer der größten Anbieter von Werbung in Podcasts. Das Prinzip sieht so aus, dass der Gastgeber eines Podcasts einen Werbehinweis mit eigenen Worten und auf Basis von Stichworten vor dem Start oder in der Mitte kurz »erzählt«. Audiowerbung erlebt vor allem damit eine Renaissance, funktioniert noch nicht auktionsbasiert und liefert eine ganz andere Intimität und Nähe, da die Hörer, also die Empfänger der Werbebotschaft, den Hosts sehr verbunden und durch das gewohnte, regelmäßige Hören nah sind. Der erfolgreichste Podcast-Gastgeber der Welt, ein amerikanischer Kampfsport- und Comedy-Fan namens Joe Rogan, verdient mit seinen Podcasts, bei denen er dreimal die Woche Gäste von Elon Musk und Kanye West bis zu unbekannteren Comedians interviewt, tatsächlich über 100 Millionen Dollar, und das jedes Jahr.

Außerdem sehen wir Werbung auf zig anderen Webseiten, weil die drei Geschäftsmodelle selten ein schwarz-weißes Geschäft sind. Viele Unternehmen fahren mehrgleisig, verändern ihren Fokus, nutzen mehrere Chancen. Verlage und Medienkonzerne denken um, sie müssen es, und setzen in der Zwischenzeit auf mehrere Pferde. Journalistische Angebote haben es schwer, so gute Inhalte anzubieten, dass die Werbetreibenden diese finanzieren können. Entsprechend versuchen die meisten, auf Bezahlservices zu gehen und ihr Modell anzupassen. Bis dahin nutzt man die Werbung mit.

LinkedIn ist eine Zwitterlösung und hat zwei Erlösmodelle: auf der einen Seite Werbung – in seiner wertvollen Business-Zielgruppe ist dies so rentabel wie bei Facebook, nur die Größe ist eine ganz andere –, auf der anderen das Paid-Service-Modell mit seinen kostenpflichtigen Vorzügen. Auch Facebook hätte sich seinerzeit als Marktplatz für Menschen theoretisch überlegen können, im Paid-Service-Modell sein Geschäft zu machen, Geld von den Nutzern zu nehmen und sich dadurch zu finanzieren. Aber vermutlich wäre es niemals so schnell gewachsen, und damals war Werbung als Geschäftsmodell eben die absolut attraktivste Option: super Margen und kaum Wachstumsbarrieren.

In der Theorie ist das heute auch noch so. Nur sind die großen drei Werbeanbieter mittlerweile so dominant, dass selbst Twitter versucht, neue Abo-Modelle zu entwickeln, um von Werbeerlösen wegzukommen. Ganz neue Medienfirmen, die früher wie selbstverständlich Werbeumsätze angestrebt hätten, fangen damit gar nicht mehr an. Sie heißen Clubhouse, Substack, The Athletic, Patreon, OnlyFans und bewegen sich alle mehr oder weniger im Medienumfeld. An Werbung glaubt keiner mehr. Selbst bei der wohl wichtigsten und wertvollsten Nachrichtenfirma der Welt, der *New York Times*, ist man froh, dass die Trump-Ära neben allen Herausforderungen zumindest dafür gesorgt hat, dass die Anzahl der digitalen Abonnenten rund um die Welt jetzt bei über fünf Millionen liegt. Klar, das sind nur zwei oder drei Prozent von Netflix, aber es reicht immerhin noch für einen Börsenwert von sieben Milliarden Dollar. Weniger als HelloFresh, aber ohne Abonnenten und nur mit Werbung wäre die *New York Times* heute vermutlich überhaupt gar nicht mehr an der Börse notiert und auf einen reichen Mäzen angewiesen. Wir können uns also freuen, dass die Verantwortlichen in New York frühzeitig auf das für sie lebenswichtige Abo-Modell gewechselt haben – und dann Trump kam. Sagt man auch nicht so häufig.

Das alles – und noch viel mehr

Zum Abschluss lohnt sich ein letzter Blick auf Amazon. Denn es ist kein Zufall, dass eine der besten Firmen der Welt mit allen drei Geschäftsmodellen gleichzeitig aktiv ist. Amazon begann im E-Commerce – und wurde dabei zum großen Marktplatz –, schuf mit Prime ein gigantisches Paid-Service-System mit Abo und hat dank seiner Größe und unserer Bequemlichkeit als »Suchmaschine für Konsumenten« einen gewaltigen Vorteil auf dem Werbemarkt. Dazu hat das Unternehmen, weil es dies selbst brauchte, ein Software-Angebot entwickelt, mit dem es alle seine Daten dezentral speichern und von überall auf der Welt abrufen kann – in der berühmten Cloud.

Weil auch viele andere Firmen wegwollen von Serverschränken im Keller mit Ausfallrisiken und Wartungspersonal, hat Amazon als einer der Ersten angefangen, Datenspeicherung und Nutzung über die Cloud auch für andere Firmen anzubieten. Heute heißt der Bereich Amazon Web Services (AWS), und es gibt viele Experten, die sagen, dass AWS – sollte Amazon nur diesen Geschäftsbereich eines Tages abspalten und separat an die Börse bringen – die Qualität hätte, sogar allein die wertvollste Firma der Welt zu sein, wertvoller als die Handelsplattform von Amazon selber. Abo, Software as a Service, Recurring Revenues, super Margen, starkes Wachstum, alles trifft auf AWS zu.

Generell geht Amazon sehr häufig nach einem geschickten Prinzip vor. Herausforderungen löst das Unternehmen, indem es eine möglichst wirtschaftliche und groß gedachte Struktur als Lösung erbaut – und diese direkt als Produkt beziehungsweise Service an seine Kunden weitergibt. Damit investiert es zunächst, refinanziert das Ganze aber sehr schnell als Leistung und verdient schließlich damit Geld. Neben Datenhaltung in der dezentralen Wolke waren bestehende Logistikanbieter, Speditionen, Lieferanten mit den speziellen Anforderungen von Amazon in diesem Bereich irgendwann überfordert. Klar, wer plant schon mit einem Kunden, der derartige Mengen zum Teil am selben Tag zuliefern möchte? Also, typisch Amazon: Wieso globale Strukturen bauen, eigene Flotten und sogar Hunderte von Flugzeugen nur für sich anschaffen, wenn andere es auch nutzen und vor allem bezahlen können?

Plugged-in

Wohin führen die ganzen Spielregeln und Entwicklungen der digitalen Welt? Wie könnte die wirtschaftliche Zukunft in Deutschland aussehen, für digitale Unternehmen – und für unsere Gesellschaft?

Man könnte meinen, dass internationale Digitalplattformen so übermächtig sind oder werden, dass es für deutsche Firmen zunehmend aussichtslos wird, gegen sie zu bestehen. Doch so weit ist es nur in einzelnen Bereichen – und die Dinge können sich ändern. Positiv betrachtet bringen große digitale Ökosysteme massive Chancen für Firmen mit sich, die früh auf der neu entstehenden Grundlage aufgesetzt haben. Dazu liefere ich gleich ein paar beeindruckende Beispiele.

Doch selbst diese neuen Digitalfirmen, die Tausende von Arbeitsplätzen schaffen, müssen sich eines Tages von dem Ökosystem emanzipieren, in dem sie gewachsen sind, und unabhängig werden. Nur so entsteht nachhaltig eine volkswirtschaftlich relevante Unternehmung, die selbst zum »Regelsetzer« wird und nicht nur »Regelempfänger« eines US-Konzerns ist.

Im Optimalfall muss es gelingen, aus Deutschland heraus

eigene globale Ökosysteme aufzubauen, an denen überall auf der Welt Firmen andocken. Vor über hundert Jahren ist das Deutschland in der Automobilindustrie gelungen mit VW, Daimler und BMW, im Digitalbereich bei SAP sowie dem deutschstämmigen Unternehmer Tobias Lütke mit seiner in Kanada ansässigen Firma Shopify, die der weltweit vielleicht relevanteste Wettbewerber zu Amazon ist – zumindest im Handelsbereich. Allerdings verkauft Shopify nicht selber, sondern rüstet Millionen von kleineren Händlern mit Software für deren Online-Shops, Payment, Schnittstellen zu Logistik und allem aus, was man braucht, um im eigenen Shop zu verkaufen. Fast alle großen Influencer von den Kardashians bis zu Helene Fischer oder den Geissens verkaufen ihre Produkte über die Shopify-Technologie im Hintergrund. Tobias Lütke hat es damit zu einem der reichsten Deutschen gebracht, Shopify ist wertvoller als jedes DAX-Unternehmen außer VW und SAP, und selbst Tobias Lütkes kanadischer Schwiegervater, der ihm anfangs etwas Geld geliehen hatte, um einen Snowboard-Shop aufzubauen – so ging alles los –, ist heute Milliardär.

Aber starten wir mit den Möglichkeiten, die immer wieder entstehen, wenn ein neues digitales Ökosystem – ein neues »Wirtstier«, könnte man fast sagen – aufkommt.

Aufgesetzt ...

Kapten & Son ist ein Beispiel für eine Firma, die in ihrer heutigen erfolgreichen Form nur existiert, weil es Instagram gibt und sie in der frühen Phase die perfekte Instagram-Welle erwischt hat. Die drei Gründer des Uhrenherstellers aus Münster wollten 2014 eigentlich nebenher nur Uhren kreieren, die ihnen selbst richtig gut gefallen. Sie begannen damit, in China Produkte zu bestellen und nach ihren Vorstellungen fertigen zu lassen. Die Resultate gefielen auch ihren Freunden – und praktisch direkt im Anschluss vielen weiteren Menschen, die diese Uhren auf Instagram sahen.

Schnell wurden auch Influencer auf die Marke aufmerksam oder aufmerksam gemacht – und drei Jahre nach der Gründung hatte das Unternehmen bereits 60 Mitarbeiter in Münster, New York und Melbourne, im Frühjahr 2021 waren es schon 150, und eine große Investorengruppe stieg mit rund 30 Millionen Euro ein. (Übrigens mussten viele Zahlen in diesem Buch während seiner Entstehung permanent nach oben aktualisiert werden, was etwas zusätzliche Arbeit war, vor allem aber zeigt, dass die Beispielunternehmen passend gewählt sind …) Der Erfolg von Kapten wäre ohne die Potenziale von Instagram und der Influencer-Szene niemals möglich gewesen. Sowohl große bekannte Insta-Accounts als auch viele kleine Influencer mit »nur« fünf- oder sechsstelligen Follower-Zahlen haben geholfen, die Aufmerksamkeit für die Produkte, die Marke und am Ende das Wachstum zu erzeugen.

Als die Grundlage Google einige Jahre früher entstand, bildeten sich viele erfolgreiche Firmen gleich mit, unter ihnen viele deutsche Digitalunternehmen, von denen einige heute Milliarden wert sind. Unter anderem ist Zalando bereits als Paradebeispiel in diesem Buch aufgetaucht. Check24 ist ein ähnlich erfolgreiches, das zu Unrecht häufig übersehen wird: Millionen von Versicherungen, Tarifen und sonstigen Verträgen werden jedes Jahr von der Firma vermittelt.

Ein anderes Beispiel aus der Google-Welt ist Idealo: Das Preisvergleichsportal ist ein Marktplatz, wurde 2000 gegründet und beschäftigt circa 800 Mitarbeiter. Schon 2006 hat die Springer AG sich eingekauft, zwei der Gründer stellen aber bis dato die Geschäftsführung. Mittlerweile erfreuen sich europaweit 25 000 angeschlossene Händler an den ungefähr 28 Millionen Menschen, die sich pro Monat auf den Webseiten von Idealo tummeln. Entscheidend sind am Ende natürlich diejenigen Menschen, die nach einer Idealo-Recherche in einem der Partnershops kaufen oder auf einen Partnershop klicken. Dank der Google-Suche, über die bis heute ein Großteil der Idealo-Nutzer kommt, konnte das Gründerteam gleich mehrere Bedürfnisse der Kunden befriedigen: den Wunsch nach Preistransparenz und nach neutralen Produkt- und Angebotsinformationen. Das Geschäftsmodell von Idealo heißt provisionsorientierte Werbung. Es geht darum, Händler zu überzeugen, ihre Produkte bei dem Preisportal zu listen und bei Klicks oder Käufen zu zahlen.

Ebenso interessant, wenn auch zunächst unerwartet, zeigt sich die Entwicklung im E-Commerce in Verbindung mit der Rolle von Amazon als Ökosystem. Als größter Player im Handelsmodell könnte man meinen, dass Amazon – ob gewollt oder nicht – mehr Zerstörung anrichtet als dass es vielfältiges Wachstum ermöglicht. Doch mitnichten. Vielmehr entpuppt die Plattform sich als fruchtbare Aufzuchtstation für Händler jeglicher Größe und Ausrichtung. Ein besonders herausragendes Beispiel ist die Berlin Brands Group (BBG).

… und abgesetzt

Die Firma ist 2005 unter dem Namen Chal-Tec entstanden. Peter Chaljawski machte damals gerade sein Abitur, war frustriert, dass er sich kein ordentliches DJ-Equipment leisten konnte, und beschloss, es selbst in hoher Qualität, aber zu bezahlbaren Preisen auf den Markt zu bringen. »Zara für DJs«, wie er es nennt, denn das gab es damals nicht. Diese Art der Demokratisierung von bislang eher exklusiven Angeboten traf den Nerv der Zeit und ließ das Unternehmen, welches sich 2019 in Berlin Brands Group umbenannte, wachsen. 2021 ist Peter Chaljawski 35 Jahre alt, hat nach eigenen Angaben 900 Mitarbeiter, 14 Eigenmarken, 3000 Produkte in 28 Ländern inklusive USA und China und machte 2020 einen Umsatz von 334 Millionen Euro.[18]

Wie war diese deutsche Erfolgsgeschichte möglich? Im E-Commerce als Geschäftsmodell, mit eher klassischen Produkten und mit Amazon als Wettbewerber. Nun ja, vielleicht nicht trotz dieser Aspekte, sondern gerade wegen ihnen, denn Amazon diente als Beschleuniger mit geringen Eintrittsbarrieren. Allein in Deutschland gibt es mehrere Tausend Amazon-Händler, die mehr als 500 000 Euro Jahresumsatz machen, unter ihnen aber sehr viele, die den nächsten Schritt, sich von Amazon abzukoppeln und somit unabhängig zu machen, aus eigener Kraft nicht schaffen. Diese Unternehmen hat sich Peter Chaljawski genauer angeschaut – und angefangen, sie ab einer gewissen Umsatzgrenze entweder freundlich komplett zu übernehmen oder mit den Gründern in sein Unternehmen zu integrieren. Dort werden sie weiter ausgebaut, aus den Marktplatzstrukturen emanzipiert und ihr Umsatz dank des Potenzials außerhalb von Amazon und Co. weiter gesteigert, wodurch die BBG wächst.

In dieses neue Spiel steigen zurzeit immer mehr Player ein. Viele Investoren haben bereits Hunderte von Millionen angelegt, nicht allein in Berlin Brands, auch in andere Firmen, die genauso vorgehen wie die Berliner. Sie heißen SellerX, Razor oder Thrasio. Thrasio kommt aus den USA, und sie waren die Ersten, die versucht haben, Amazon-Händler aufzusammeln. Schon nach drei Jahren hatte Thrasio bereits 100 Unternehmen gekauft,[19] sein Budget für den Erwerb deutscher E-Commerce-Unternehmen auf 500 Millionen

Euro aufgestockt[20] – und wurde 2021 prompt mit drei bis vier Milliarden Dollar bewertet.[21] Damit machte diese Idee als neuer Hype die einen nervös und ließ andere zu Copy-Cats werden – schließlich stand die Wette, dass Thrasio das Procter & Gamble des E-Commerce würde. Die BBG ist in diesem Spiel entsprechend nicht der einzige Spieler, allerdings hat längst nicht jeder ihre Erfahrungen und ähnlich viel Know-how.

Vor allem zeichnet sich neben den Erfolgschancen für Händler ein neues Arbeitsfeld im Dunstkreis von Amazon ab: die Konsolidierung am Markt und schließlich die Entkopplung von großen Marktplätzen. Wir haben es bei Zalando bereits gesehen. Die Firma hat auf dem »Wirtstier« Google begonnen und dort ihren Kundenstamm erarbeitet, sich dann aber emanzipiert und immer unabhängiger gemacht. Heute kommt ein Drittel ihres Umsatzes über ihren eigenen Newsletter, sie hat ihr Kundenmanagement professionalisiert und erreicht ihre Käufer nun wesentlich besser direkt. Das Ziel von Thrasio und der BBG sieht Ähnliches vor: perspektivisch die Abnabelung von Amazon und die Gewinnung und Haltung von Kunden außerhalb dieses Systems, also verstärkte direkte Kundenkontakte, die sie zunehmend unabhängiger machen.

Made in Germany?

In Deutschland gelingt es aktuell vor allem gut, an die großen Strukturen wie Amazon, Google oder Instagram anzudocken und sich in diesen »Wirtstieren« einzunisten. Für den Wohlstand einzelner Unternehmer und Investoren ist das häufig super, für das Land insgesamt dürfte das allein zu wenig sein – man ist in solchen Strukturen eben lediglich

Empfänger von Regeln und erlebt nur eine vergleichsweise geringe Wertschöpfung mit überschaubarer Marge. Gute Frage also, ob es Unternehmen hierzulande gelingen wird, sich selbst zu einem Ökosystem zu entwickeln, bestenfalls global.

Im letzten Jahrhundert ist das extrem gut gelungen: Wie bereits angedeutet, hat Deutschland mit Volkswagen, Daimler und BMW ein massives, globales Ökosystem im Bereich Automobil und Mobilität hervorgebracht. In diesen Wirtstieren haben sich sozusagen analog zu Amazon riesige Unternehmen eingenistet und erfolgreich gewirtschaftet, von Zulieferkonzernen bis zu Werbeagenturen. Und sogar im Softwarebereich ist es mit SAP gelungen, ein global führendes Ökosystem zu erzeugen.

SAP ist seit fast 50 Jahren am Markt und seit 33 Jahren an der Börse. Mittlerweile hat der Konzern über 100 000 Mitarbeiter auf der ganzen Welt, machte 2020 einen Umsatz in Höhe von über 27 Milliarden Euro und wird im Mai 2021 mit 136 Milliarden Euro bewertet.[22] Vermutlich braucht man in etwa so eine Größe, um weltweit zu den regelsetzenden Unternehmen zu zählen. Zur Top-Liga mit Google, Apple, Facebook, Amazon, Microsoft, Netflix oder den großen chinesischen Firmen reicht es noch nicht. Diese Firmen sind an den Kapitalmärkten immer noch bis zu zehnmal mehr wert. Aber der Aufstieg von SAP hat dafür gesorgt, dass viele neue Firmen im Ökosystem des Softwareriesen andocken und dort neue Möglichkeiten entstanden sind: Von der Beratung über die Implementierung bis zu ergänzenden Softwareangeboten hat SAP weltweit sicher Hunderte weitere mittelständische Unternehmen indirekt ermöglicht.

Ein weiteres Volkswagen, ein neues SAP wären für Deutschland zur Absicherung des Wohlstands unglaublich wertvoll und hilfreich. Wo könnten sie also herkommen?

Aktuell gibt es im Lebensmittellieferbereich ein paar börsennotierte Digitalunternehmen wie HelloFresh und Delivery Hero, die auch international ihre Segmente dominieren. Es entstehen weitere, zum Beispiel Gorillas, vielleicht können sie eines Tages an die deutsche Tradition im Lebensmittelhandel und der Logistik anknüpfen. Immerhin gibt es hier mit Lidl und Aldi zwei weitere weltweit beachtete Firmen aus Deutschland, die allerdings nicht börsennotiert sind.

Wie zu Beginn des Buchs bereits erwähnt, entstehen derzeit in Deutschland viele neue hochbewertete Firmen im Finanzsektor: Viele der deutschen Einhörner, also Start-ups mit mehr als einer Milliarde Euro Wert, sind FinTechs.[23] Woran liegt das? Das ganze Bankensystem ist im Umbruch. Im Fachjargon als »Unbundling« bezeichnet, werden nahezu alle Angebote und Aufgaben einer klassischen Bank aufgebrochen und durch neue spezialisierte Firmen digital angeboten: N26 digitalisiert das Konto, Trade Republic ermöglicht den Aktienkauf für jedermann, Sumup vereinfacht die bargeldlose Bezahlung, Liqid kümmert sich um Geldanlage für Vermögende und so weiter. Aus der FinTech-Szene heraus werden neue Weltsysteme entstehen, PayPal oder Stripe zeigen schon seit Längerem, was möglich ist und wohin der Weg führt. Und beide sind heute schon mehr wert als SAP.

Aus dem Finanzbereich zeichnet sich derzeit kein deutsches Unternehmen ab, das es weltweit in diese Liga schaffen könnte. Der Wettbewerb ist extrem hart und die Internationalisierung gerade im klassischen Finanzbereich aufgrund der unterschiedlichen Regulierungen in den jeweiligen Ländern komplex. Aber sogar die erfolgreichsten Business-Trüffelschweine der Welt glauben daran, dass aus Deutschland heraus weiter Wert entsteht. Sie haben im Sommer 2021 fast eine Milliarde in die Aktien-App Trade Republic investiert und sehen die Firma bei einem Unternehmenswert von 4 Milliarden Euro. Man muss dazu wissen, dass die Crème de la Crème der Investorenszene erstens weiß, was sie tut, und zweitens normalerweise eine Vervierfachung ihres Geldes erwartet. Damit wäre Trade Republic immer noch nicht auf dem Niveau von SAP, hätte aber zumindest mal die Deutsche Bank eingeholt. Hoffnung macht auch Celenois – ein Unternehmen aus München, das Software für firmeninterne Prozesse digital abbildet und von privaten Investoren mit elf Milliarden Dollar bewertet wird. Da Celenois zur Hälfte in New York sitzt, ist es dort de facto die wertvollste privat gehaltene Firma und erst elf Jahre alt.

Die FinTechs zeigen allerdings auch eindrücklich, dass es nicht immer nur eine Firma sein muss, die als Rückgrat fungiert. Wirtschaftliche, gesellschaftliche oder technische Innovationen ergeben manchmal ebenso Chancen für viele verschiedene Unternehmen nebeneinander. Selbst das Corona-Virus war auf seine Weise ein Rückgrat, das viele Entwicklungen vorangetrieben hat. Ein anderes disruptives Phänomen, das unsere Welt veränderte und Neues schuf, war 2007 das iPhone. Wir alle und unsere gesamte Umwelt reagierten mehr oder minder auf das neue Ökosystem – schließlich lief plötzlich fast jeder mit einer guten Kamera herum, jeder war ständig online, jeder konnte mobil gefühlt alles machen, ohne am PC oder gar im Büro sitzen zu müssen. Das änderte nicht nur Netzwerken und Arbeiten, sondern schuf auch den Nährboden für zahlreiche weitere Transformationen in wirtschaftlichen und gesellschaftlichen Kontexten.

Hätte, hätte – Blockchain

Ein anderer Bereich, in dem weltweit gerade unfassbar viel Wert und ein massives neues Rückgrat entstehen, ist die Blockchain-Technologie. Vor einigen Jahren noch ein Thema für Nerds, etabliert es sich heute zu einem Dauerbrenner in der Finanzwelt, findet Eingang in die Kunstbranche und dank automatisierter Verträge und digitaler Zahlungsoptionen demnächst in unser aller Alltag.

Blockchains schwirren seit den 1990er-Jahren durch die digitalen Welten. Die Idee dahinter ist, eine Art Programmiersprache zu entwickeln, die dezentral, transparent und fälschungssicher für Unmengen von Anwendungen geeignet ist. Dabei werden Datenblöcke in Ketten (»chains«) verschlüsselt miteinander verbunden und auf allen beteiligten Rechnern unveränderlich abgelegt, sodass eine Transaktion als digitaler, nicht manipulierbar dokumentierter Datensatz vorliegt. Extrem vereinfacht sieht man derzeit vor allem Anwendungsfälle der Blockchain als einer großen Wenn-dann-Regel, die das Wenn zweifellos nachvollziehbar macht, unabhängig von klassischen Autoritäten. Die gesamte Technologie wird von allen Teilnehmern in einer gemeinsam verwalteten Datenbank organisiert, die zentrale Organe redundant macht. Es ist so abstrakt, wie es klingt, doch die ersten Anwendungsfälle machen es etwas anschaulicher.

Der Bitcoin als virtuelle Währung ist einer davon. Theoretisch könnte er genutzt werden, um Käufe oder Geschäfte durchzuführen, wie wir es mit unseren Währungen Euro, Dollar und Co. kennen. Der große Unterschied ist, dass er nicht von Staaten, Banken und Finanzinstituten kontrolliert wird, und auch geldpolitische Entscheidungen kann es hier nicht geben, das System ist dank seiner dezentralen Struktur somit nicht »willkürlich« steuerbar. Praktisch hat sich der Bitcoin allerdings eher zu einer neuen Anlageform entwickelt, zum »Gold« der Millennial-Generation sozusagen. Man kauft Bitcoins als Investition und hofft, dass der Wert erhalten bleibt oder sogar steigt, wie es viele andere eben mit Gold tun. Obwohl das Edelmetall real und haptisch existiert, ist es im Grunde nicht viel mehr als eine »Marke«, auf die wir uns geeinigt haben. Sein Nutzen in der echten Welt ist beschränkt – ebenso sein Vorkommen. Beim Bitcoin verhält es sich genauso: Seine Menge ist exakt definiert. Es wird niemals mehr als 21 Millionen Bitcoins geben, das wurde bei der Entstehung der Währung festgelegt.

Aktuell ist er unter allen Kryptowährungen die stärkste »Marke«. Die zweitstärkste in der Blockchain-Welt ist die Währung Ether des Ethereum-Systems, und ein Ether-Coin, gewissermaßen eine Münze, ist bereits mehrere Tausend Euro wert. Im Gegensatz zum Bitcoin gibt es schon verschiedene konkretere Anwendungsfälle abseits der Geldanlage, nämlich immer dann, wenn sichergestellt werden soll, dass ein digitales Produkt tatsächlich einmalig ist, ob digitale Kunstwerke, Sammelkarten oder persönliche Impfpässe. Häufig fällt in dem Zusammenhang der Begriff »NFT« oder »Non-fungible Token«, also nichtaustauschbare Einheiten, die auf der Ethereum-Plattform leben – und dank derer digitale Kunst möglich und Millionen wert ist.

Damit jemand die ganze Verwaltung und Verifizierung all der Dinge, die auf Ethereum dezentral passieren, überhaupt erledigt, braucht es natürlich gewisse Anreize. In der klassischen Welt würde ein Beamter gegen ein Gehalt eine Akte anlegen und bearbeiten. In der Ethereum-Welt arbeiten sogenannte »Miner« überall auf der Welt die Themen ab – und werden dafür mit der hauseigenen Kryptowährung Ether belohnt. Sie treibt somit alles innerhalb des Systems

Ethereum an. Bei Bitcoins funktioniert das Mining, also das Fördern (oder Schürfen wie früher bei Gold) der begrenzten Menge ganz ähnlich: Durch das Lösen hochkomplexer Rechenaufgaben dank Hochleistungscomputern werden Datenblöcke entschlüsselt und Bitcoins generiert. Die Miner stellen diese Rechenleistung zur Verfügung und erhalten im Gegenzug – Bitcoins.

Übrigens: Wer an die Zukunft der Blockchain glaubt, könnte mit dem Kauf von Ether oder Bitcoin vielleicht einen guten Deal machen. Das muss am Ende natürlich jeder selbst wissen, aber ich finde interessant, dass man sich dafür nicht mehr aufwendig auf Krypto-Handelsplätzen bewegen muss, sondern sich über seine Hausbank einfach Schuldverschreibungen kaufen kann, die den Ether oder den Bitcoin eins zu eins abbilden, und sie sich ins Depot legen kann, genauso wie Aktien oder Bundesschatzbriefe. Klar, das ist Risiko, aber es soll bitte nicht daran scheitern, dass der Kaufprozess einer Kryptowährung so kompliziert klingt, denn das ist er nicht mehr zwingend.

Bis heute hat die Blockchain als neues globales Ökosystem bereits sehr erfolgreiche Firmen erzeugt, die auf ihrer Grundlage entstanden sind. Dazu zählt zum Beispiel eine der weltweit größten Handelsplattformen für Kryptowährungen namens Coinbase aus den USA. Das Unternehmen ist vor einigen Monaten an die Börse gegangen und war dort im Mai 2021 über 63 Milliarden Dollar wert[24] – grob die Hälfte von SAP. Das deutsche Pendant heißt übrigens Bitcoin.de, hat 2021 rund 30 Mitarbeiter in Herford, ist ebenfalls börsennotiert und circa 200 Millionen Euro wert.[25] Das ist gefühlt eine Kommastelle von Coinbase, aber eine unglaubliche Geschichte. Gründer von Bitcoin.de ist Oliver Flaskämper, ein ehemaliger Lastwagenfahrer, der sich selber umgeschult hat und jetzt zu den reichsten Deutschen gehört.

Wer mehr von ihm hören will: Wir haben Anfang 2021 im OMR-Podcast ausführlich miteinander gesprochen.

Man sieht an dem Beispiel von Oliver Flaskämper aber auch, wie weit der Weg zu einem deutschen Unternehmen als Rückgrat aus dem Blockchain-Umfeld noch ist. Auf der anderen Seite ist Berlin einer der relevantesten Orte der Welt für die Krypto-Community, vermutlich leben und arbeiten abseits vom Silicon Valley nirgendwo auf der Welt so viele Menschen von und an diesem Thema wie in unserer Hauptstadt. Und neben Flaskämper gibt es weitere deutsche Unternehmer, die zum Teil sogar weltweit in der ersten Liga mitspielen: Dazu zählen die Gründer der Kryptowährung Polkadot aus Berlin oder Marco Streng, ein mathematisch hochbegabter Mittdreißiger, der in Kasachstan eine riesige Fabrik zum Krypto-Mining betreibt, die demnächst für einige Milliarden an die Börse gehen soll. Das macht immerhin etwas Hoffnung, dass die deutsche Wirtschaft indirekt an den möglichen Blockchain-Veränderungen partizipieren könnte.

Die Zeit ist reif – irgendwann

Wohin das alles führt? Digitale Kunstwerke, digitales Gold, smarte Verträge, vielleicht ein digitaler Impfpass, sogar elektronische Wahlen, das alles ist entweder da oder erscheint in absehbarer Zeit. Besonders spannend und innovativ werden wohl die Entwicklungen sein, auf die wir im Augenblick noch gar nicht kommen. Für diese ist jedoch entscheidend, dass die Blockchain-Technologie noch weiter in der Gesellschaft und im digitalen Mainstream ankommt und für die breite Masse adaptionsfähig wird. Nach zehn Jahren Weiterentwicklung und Nutzung im Kleinen könnte es jetzt bald so weit sein.

Das ist nichts Verwunderliches, sondern vielmehr klassisch: Das war beim Internet und bei vielen anderen neuen Strukturen ähnlich: Es dauert seine Zeit, bis die Konditionen gegeben sind, damit etwas für uns sinnvoll und nutzerfreundlich ist. Podcasts zum Beispiel gibt es schon seit fast 20 Jahren, doch erst seit wir seit zwei, drei Jahren nicht mehr jede Episode aufwendig herunterladen müssen, sondern sie bequem und individuell immer und überall live streamen können, wurden sie massenkompatibel. Virtual Reality hingegen wartet seit Jahren auf ihren Durchbruch, und während viele Firmen an diese Technologie glauben und sie regelmäßig nach vorne zu bringen versuchen, scheint ihre Zeit schlicht noch nicht gekommen, wir sind noch nicht bereit. Vielleicht liegt es an den noch immer ungelenken Brillen, vielleicht an den bisherigen Anwendungsbereichen oder dem Preis. Sollte der richtige Schalter mal umgelegt sein, kann es aber ganz schnell gehen, und jeder Zweite hat VR-Technik im Haus. Facebook oder Snapchat stecken jedenfalls weiterhin riesige Summen in diesen Bereich.

Wann genau eine Entwicklung in die Breite durchbricht, lässt sich kaum vorhersagen, im Nachhinein jedoch kann man die entscheidenden Faktoren identifizieren. Bei Blockchains waren es unter anderem die Sorge um unser Geld, also vor einer Inflation, dazu die niedrigen Zinsen und die durch Corona beschleunigte Digitalisierung, die die nötige Dynamik auslösten. Für die besonders schnelle Adaption von Social Media oder Suchmaschinen war sicherlich auch hilfreich, dass wir als Konsumenten dafür nichts bezahlen müssen und kostenlos in den Genuss der vielen Vorteile kommen. Logisch, dass eine technische Entwicklung länger dauert, wenn erst mal viel Geld bezahlt werden muss für ein elektrisches Auto oder eine Heizung, die ans Internet angeschlossen ist. Und dann gibt es natürlich weitere Bereiche, die über die Digitalszene hinausgehen, bei denen Deutschland eine wichtige Rolle spielt. Mir fällt die mRNA-Plattform in der Krankheitsbekämpfung ein, die Hoffnung macht auf weitere Durchbrüche nach dem Covid-Impfstoff und die vielleicht zu einer großen neuen Grundlage wird, auf der weitere Wertschöpfung entstehen kann.

Es gibt außerdem sehr, sehr viele Experten, die die Zeit für Klimafragen auf wirtschaftlicher Ebene gekommen sehen: Umwelt- und Nachhaltigkeitsaktien – zum Beispiel von Unternehmen, die an Wasserstoffzellen, Solar- und Windenergie arbeiten, Milch aus Hafer oder Fleisch aus dem Reagenzglas herstellen – werden zurzeit womöglich nicht nur deswegen so hoch gehandelt, weil sie aussichtsreich sind, sondern weil immer mehr Menschen sich eine bessere Zukunft wünschen und diese damit aktiv schaffen wollen. Ihr Investment erfüllte dann einen doppelten Nutzen: Anleger verdienen Geld, und die Zukunft entwickelt sich in die erhoffte Richtung dank der Firmen, in die man investiert. Die »grünen Aktien« sind hochpreisig, aber es könnte sein, dass für einen Teil der jüngeren Generation Aktien mehr sind als eine reine Investment-Entscheidung, nämlich eine Lebensentscheidung.

GermanTech for Future

Wo könnten noch weitere Potenziale für grundlegende Ökosysteme aus Deutschland stecken?

Es gibt ein Feld, das – wie so oft bei innovativen Themen – zunächst Science-Fiction-Filmen zu entspringen scheint. Ich hätte es nicht groß beachtet, wenn nicht der eine oder andere Unternehmer, den ich aus der Digitalszene kenne, in den letzten Jahren seinen Fokus dorthin verschoben hätte: wortwörtlich hin zur Verlängerung unseres Lebens, auch »Longevity« genannt. Folgt man insbesondere den Gedanken zweier Unternehmer, die zuvor viele Millionen mit Internet-Start-ups verdient haben, liegt dort die unternehmerische Zukunft. Christian Angermayer und Nils Regge glauben, dass wir uns viel zu lange damit abgefunden haben, dass wir »so schnell sterblich« sind – zwingend ist dies aber nicht, sagen sie, und sehen Sterben als Krankheit, die heilbar ist. In ihren Pharmaunternehmungen und ihrer Forschung sollen Lösungen entwickelt werden und Medikamente entstehen, die Krankheiten im Alter aufhalten, sodass wir eben nicht mehr nur theoretisch, sondern auch praktisch im Schnitt 120 Jahre alt werden – oder noch mehr. Nach Angermayer wollen wir erstens glücklich, zweitens gesund sein – und drittens, wenn wir beides haben, dies eben möglichst lang erleben. Er hat im Biotech-Bereich bereits zahlreiche Firmen mitaufgebaut oder finanziert und ist damit mutmaßlich Milliardär geworden – mit 42 Jahren.

Aus Sicht von Investoren ist die Idee einfach gut und das zu lösende Problem für jeden nachvollziehbar. In einer so frühen Phase sind glaubwürdige Themen, über die man sich als Investor differenzieren kann, wichtiger als ein Geschäftsmodell. Vor allem bei so viel weltweit verfügbarem Investorengeld zahlen sich eine neue Idee und ein komplett neues Geschäftsfeld zurzeit aus. Angermayer bearbeitet aus einer ähnlichen Logik heraus zusätzlich den Pharmabereich der psychedelischen Drogen – zum Beispiel Magic Mushrooms – im kontrollierten medizinischen Einsatz gegen Depressionen und weitere mentale Krankheiten.

Noch ein wichtigeres Thema, bei dem Deutschland international führende Unternehmen hervorbringen könnte, liegt auf der Hand, nämlich Klimatechnologien. Es knüpft nicht nur an die deutsche Forschungstradition an, sondern auch an unsere jahrhundertealten industriellen Stärken. Gefühlt steckt in diesen Tagen jeder Investor und Unternehmer sein Geld in dieses Feld – ob direkt oder indirekt. Neue Fonds entstehen überall, bestehende Unternehmen erweitern ihre Geschäftsfelder, und zahlreiche Prominente tummeln sich hier. Globaler Vorreiter ist zum Beispiel Schauspieler und Multitalent Ashton Kutcher mit seinem Fonds Sound Ventures – auch Elon Musk argumentiert, dass Tesla am Ende eine Firma ist, die gegen den Klimawandel ankämpft, indem sie den Verbrennungsmotor verdrängt. Ein Gedanke, der sicherlich kontrovers diskutiert werden kann, zumal Tesla wie erwähnt viel Geld vor allem mit dem Verkauf von Klimazertifikaten verdient – aufgemischt und vorangetrieben hat es den Bereich nichtsdestotrotz.

Die vielleicht spannendste und prominenteste deutsche Waffe im Klimatech-Segment sind seit einigen Jahren Alexander Samwer und sein Team. Gemeinsam mit seinen Brüdern, ebenfalls in der Internetbranche über Firmen wie Zalando, Rocket oder Groupon bereits sagenhaft reich geworden, entwickelt er jetzt Solarunternehmen, Windparks, Fotovoltaikkraftwerke oder nachhaltige Investmentoptionen in Waldflächen, für jedermann und mit wenigen Klicks. Sein Fokus liegt dabei auf den Chancen, die sich dank neuer Technologien ergeben und wodurch sich schnell so große Skaleneffekte erzielen lassen, dass die jeweiligen Firmen bald für größere Börsenstorys geeignet sind. Einige seiner Firmen sind bereits an Börsen notiert, aber noch klein, Pacifico Renewables zum Beispiel, oder sollen demnächst den Weg antreten. Aussichtsreichster Kandidat dafür ist aktuell Enpal, ein Unternehmen, das Solaranlagen auf den Markt bringt – und zwar im Paid-Service-Modell.

Der zweite Blick

Für die ganz großen Fragen nach der Zukunft reichen die Hintergründe aus diesem Buch und der Technologie- und Marketingwelt allein nicht aus. Andererseits erscheinen andere zukünftige Entwicklungen so logisch, dass man die genauen Prinzipien der digitalen Wirtschaftswelt gar nicht kennen muss, um mitzureden: Sollten sich Flugtaxen tatsächlich durchsetzen, werden die Immobilienpreise außerhalb der Städte steigen, weil diese Gegenden dann besser angebunden sind. Dieselbe These gibt es auch zu selbstfahrenden Autos oder einer dauerhaften, flächendeckenden Home-Office-Option. Klingt logisch. Thesen über die Vor- und Nachteile einer zukünftigen Welt, in der künstliche Intelligenz eine größere Rolle spielt, ebenfalls.

Ich habe mir trotzdem abgewöhnt, Prognosen über die genauen und meist negativen Konsequenzen von neuen Technologien zu viel Relevanz zu schenken. Es bleibt extrem schwer, komplexe Zusammenhänge in diesem Feld vorherzusagen, zudem sind viele Thesen widersprüchlich und interessengesteuert. Um auf erkenntnisreiche, pointierte, aber trotzdem glaubwürdige Thesen über die Zukunft zu kommen, bin ich bei dem Ansatz des deutschstämmigen Super-Investors Peter Thiel hängen geblieben. Er hat als einer der Ersten Mark Zuckerberg Geld für Facebook gegeben und zuvor zusammen mit Elon Musk PayPal gegründet. Heute ist er an zahlreichen der wichtigsten Digitalfirmen in Deutschland beteiligt, zum Beispiel an der Online-Bank N26 oder der Börsenplattform Trade Republic. Thiel ist dafür bekannt, ungewöhnliche Ansichten zu haben, diese häufig aber sehr gut herleiten zu können.

Aufsehenerregend in Deutschland und im Silicon Valley war insbesondere seine anfängliche Unterstützung für Donald Trump, die er damit erklärte, dass in den USA die Strukturen hinter dem Regierungsapparat aufgebrochen werden müssten. Er sah es als problematisch an, dass über die drei Jahrzehnte seit dem Ende des Kalten Kriegs 1989 nur drei Familien regierten: die Bushs, Obama und, hätte Hillary Clinton gewonnen, die Clintons, fast wie in einer Monarchie. Aus meiner Sicht ist das ein valider Punkt, und die These, dass Trump da einen notwendigen Bruch herbeiführt, nachvollziehbar. Der Bruch fand zwar tatsächlich statt, aber mit Trump kamen so viele negative Effekte, dass diese am Ende überwogen.

Thiel hat schon oft beschrieben, wie er versucht, talentierte Menschen zu erkennen, und nach welchem Muster er selber über die Zukunft nachdenkt. Seine Lieblingsfrage lautet dabei: »An welche zukünftige Wahrheit glaubst du, bei der die meisten Menschen anderer Meinung sind als du?« Es ist ziemlich schwer, darauf eine gute Antwort zu geben. Die meisten Menschen denken vermutlich, es müsste in Deutschland mehr Kapital für Start-ups zur Verfügung gestellt werden. Aber dem ist gar nicht so, denn es gibt ausreichend Geldgeber: Allein in den ersten Monaten des Jahres 2021 wurden Milliarden investiert wie früher nur im Silicon Valley dennoch hört man überall die Forderung nach mehr staatlichen Investitionen. Die Gegenthese stimmt also vermutlich, fällt aus meiner Sicht aber irgendwo zwischen die Kategorien »langweilig« und »banal«, da fast offensichtlich. Ob man mit Aussagen wie »Das Bildungssystem muss reformiert werden« überhaupt noch in der Minderheit ist? Vermutlich nicht. Thiels eigene Antwort lautet übrigens: Technologie wird die Welt deutlicher prägen als Globalisierung. Wenn China oder Indien den Lebensstandard von Milliarden von Menschen auf das westliche Niveau anheben würden, könne die Welt das ökologisch ohne Technologie nicht überleben, daher müssen aus seiner Perspektive technologische Entwicklungen am wichtigsten sein. Mir fällt es leicht, ihm zuzustimmen. Eine echte Minderheitenposition erkenne ich darin nicht.

Meine Antwort lautet: Ich glaube, dass die entscheidende Fähigkeit für heutige Karrieren und auch für den zukünftigen Lauf der Dinge nicht Technologiewissen oder Technologie sein werden, sondern Empathie. In einer Welt, die sich um Kommunikation dreht und in der Kommunikation permanent stattfindet und interpretiert wird, in der es entsprechend viel um Emotionen geht, wird Empathie zum Schlüsselfaktor. Aufgefallen ist mir das zum ersten Mal bewusst, als ich ein YouTube-Video von Barack Obamas Rede aus dem Jahr 2011 sah, bei der Donald Trump im Publikum saß. Die Art und Weise, wie er sich dort über Donald Trump lustig macht und ihn in seiner Gegenwart vorzuführen versucht, war überhaupt nicht empathisch und stand im Gegensatz zu dem Obama-Bild, das ich ansonsten hatte und habe. Wenn also selbst Obama für Laien erkennbar unempathisch agiert, kann man sich leicht vorstellen, wie viel Raum für Verbesserung besteht in der politischen Welt, aber auch in der Wirtschaftswelt.

Es ist schon heute keine nachhaltige Situation, dass in den erfolgreichsten Digitalfirmen auf der einen Seite Tausende Mitarbeiter zum Mindestlohn Essen ausfahren, Handys zusammenschrauben oder kriminelle und verstörende Posts für Social-Media-Plattformen prüfen und auf der anderen Seite Unternehmer innerhalb von Tagen Milliarden an Wert exklusiv für sich selbst erzeugen. Seit den Anfängen des Kapitalismus war das so. Die Niedriglohnarbeiten in Bergwerken und Feldern waren vielleicht noch härter und die reichen Industriebarone vergleichsweise noch reicher als die Digitalstars heute. Es ist schon erstaunlich, dass sich so wenig verändert hat, obwohl die Welt ansonsten an vielen Stellen kontinuierlich besser wird. Ich bin überzeugt von sozialer Marktwirtschaft als bestem Konzept, aber es ist leider auch Fakt, dass insbesondere die Digitalisierung zu einer weiteren Spaltung zwischen Arm und Reich führen wird und damit zur permanenten globalen Sichtbarkeit der entsprechenden Probleme. Empathie ist zwar keine Aktie oder Technologie, aber aus meiner Sicht ist der Bedarf nach ihr ebenso groß wie der nach Technologie. So gesehen kann sogar Regulierung eine empathische Handlung sein. Obwohl ich häufig kein Fan von staatlicher Einmischung bin, wird es mit Blick auf die Kraft der Digitalisierung in einer empathischen, friedlichen Welt nicht ohne gehen.

Wie auch immer man auf die komplexen Zusammenhänge zwischen der digitalen Revolution, den wirtschaftlichen Logiken und unserem politischen und vor allem gesellschaftlichen Alltag blickt: Nach Hunderten von Gesprächen mit vielen der wichtigsten und spannendsten Protagonisten dieser Welt sowie zahlreichen eigenen unternehmerischen Projekten bis zum Aufbau einer mittelständischen Firmengruppe kann ich über die Zukunft von Wirtschaft und Technologie eine Aussage sehr sicher treffen: Nichts ist jemals so gut oder so schlecht, wie es auf den ersten Blick aussieht.

Die besten OMR-Podcasts zum Buch

Immer wieder finden sich Gedanken und Aussagen aus den Podcast-Gesprächen in diesem Buch. Meine Sicht auf die Welt ist bestimmt indirekt geprägt von fast 400 Podcasts in den letzten fünf Jahren mit den verschiedensten Protagonisten der digitalen Welt. Hier sind 17 Podcasts, die zusammen vielleicht die Bandbreite »digital unplugged« zeigen und motivieren, noch tiefer in diese spannende Materie einzusteigen, zu finden auf Spotify, Apple Music oder überall, wo es Podcasts gibt, unter »OMR Podcast«:

Folge #293 mit Tobias Lütke, dem deutschen Gründer von Shopify. Er hat ohne Studium in den letzten Jahren eine der wertvollsten Firmen der Welt gegründet, und sogar sein Schwiegervater ist dank ihm Milliardär geworden. Fast alle großen Influencer arbeiten mit seiner Technologie. Vielleicht ist Shopify der einzig wahre Rivale für Amazon.

Folge #380 mit VW-Chef Herbert Diess. Vermutlich ist kaum jemand relevanter für die Zukunft der deutschen Wirtschaft als dieser Österreicher. Er steuert die wertvollste deutsche Firma und damit Hunderttausende von Jobs direkt oder indirekt ins Digital- und Elektrozeitalter. Auf Social Media tritt er ganz bewusst gegen Elon Musk an.

Folge #287 mit Robert Dahl, einem versteckten Superunternehmer, der den Spagat schafft, aus einem Erdbeerbauernhof eine liebenswerte Geldmaschine mit Tausenden von Fans zu machen. Er liefert den Beweis, dass man mit Leidenschaft und Vision aus fast jedem Geschäftsmodell zumindest eine kleine Plattform für weitere Geschäfte bauen kann.

Folge #311 mit Jens Heinz Knossalla aka »Knossi«: Anhand seiner Geschichte wird klar, wie sich die Medienwelt geändert hat und welche Zutaten es braucht, um sich von einem Statisten bei *Richterin Barbara Salesch* zum unabhängigen Twitch- und Instagram-Star mit Hunderttausenden Live-Zuschauern plus eigenem Likör zu entwickeln.

Folge #365 mit Oliver Flaskämper, einem ehemaligen Lastwagenfahrer, der sich aus eigenem Interesse in die digitale Welt eingearbeitet hat und zunächst mit der Schnäppchen-plattform Geizhals gestartet ist, um dann auf Bitcoin umzusatteln. Heute betreibt er den börsennotierten Marktplatz Bitcoin.de und zählt zu den reichsten Deutschen. So was gibt's nur im Internet, im wahrsten Sinne des Wortes.

Folge #371 mit Ashton Kutcher, dem berühmten US-Schauspieler und Unternehmer, der seit Jahren neben seinen künstlerischen Aktivitäten in neue Technologien investiert und sogar in Deutschland eines der wenigen Milliarden-Start-ups mitfinanziert. Hauptsächlich sucht er aktuell nach Chancen im Bereich Klimatechnologie. Bei der Folge war ich anfangs leicht nervös, aber Ashton hat es mir dann leicht gemacht.

Folge #321 mit Anna von Hellberg und Laura Castien, die das Keramikgeschirr-Label Motel a Miio nach einem gemeinsamen Portugal-Urlaub gestartet haben. Heute liefern sie mit zahlreichen Läden, achtstelligen Umsätzen und direkten Verkäufen eine der besten Blaupausen, wie Firmen ohne Mittler wie Amazon oder Google direkt an Tausende von Kunden kommen. Die Damen werden vermutlich nie wieder was anderes tun müssen.

Folge #352 mit Kağan Sümer, dem Gründer des Flash-Lieferdiensts Gorillas. Die Firma wuchs innerhalb von einem knappen Jahr von null auf mehrere Tausend Mitarbeiter und wurde in zwölf Monaten zum Unicorn, also Milliarden-Unternehmen, das zumindest in den Großstädten jeder kennt. Wie hat der gebürtige Türke das geschafft?

Folge #373 mit Lena Jüngst, die als Mittzwanzigerin aus Schwäbisch Gmünd mit ihrer Produktidee einer neuen Trinkflasche mit eingebautem Geschmack ein Märchen geschafft hat. Nicht nur sind Ralf Dümmel und Frank Thelen bei ihr beteiligt, sie ist auch dabei, eine mittelständische Firma aufzubauen.

Folgen #341 und #381 mit Florian Heinemann und Sascha Lobo: das auf den ersten Blick ungleiche Duo aus Wagniskapitalgeber auf der einen und Digitalbeobachter und Autor auf der anderen Seite blickt auf dieselben Veränderungen und ist sich manchmal erstaunlich einig, manchmal überhaupt nicht. Gäbe es Lobo und Heinemann als politische Partei, ich würde sie vermutlich wählen.

Folge #315 mit Christian Angermayer, einem 42-jährigen gebürtigen Bayern, der in den letzten Monaten vier Firmen an die Börse gebracht hat. Gemeinsam mit seinem Freund und Co-Investor Peter Thiel steckt er das Geld, das sie in der Digitalwelt reichlich verdient haben, nun in Themen wie Pharma und Forschung an Medikamenten für ein längeres Leben – und in psychedelische Drogen.

Folgen #163 und #387 mit Fynn Kliemann, der für fast alles steht, was die Digital- und Wirtschaftswelt heute so interessant macht. Trotzdem ist seine Spannbreite unfassbar: von der Nummer-1-Platte als Sänger über die erfolgreichste deutsche Doku auf Netflix bis zu einer Agentur, einer Textilfirma sowie verrückten Immobilienprojekten und dazu einer riesigen Gefolgschaft auf Instagram und YouTube.

Folge #380 mit Daniel Wiegand, der versucht, aus einer Studentenidee eine neue Industrie zu erschaffen, nämlich Flugtaxen. Bis heute ist seine Firma Lilium Air Mobility schon an rund eine Milliarde Euro an Investorengelder gekommen, um die Idee umzusetzen, obwohl es erst 2025 die erste richtige Flugtaxi-Reise geben soll.

Folge #294 mit Bonnie Strange. Bei der Passage zur neuen *Brigitte* im Buch habe ich insbesondere an sie gedacht. Niemand inszeniert sein Leben schöner und macht mehr draus – für sich selber, für über eine Million Follower und für ihre Werbepartner. Außerdem erklärt sie, warum Melonen und Einhornschlauchboote bei Instagram wichtig sind.

Folge #394 mit Manuel Stotz, einem 35-jährigen Investor, der in seinem eigenen Fonds vier Milliarden Euro verwaltet, die ihm die größten Firmen und Organisationen der Welt anvertraut haben. Er erläutert, warum er damit unter anderem zwei Prozent aller börsennotierten Firmen in Bangladesch gekauft hat und wieso er darin die Zukunft sieht.

Zu guter Letzt: alle Folgen mit den Stammgästen Lea Cramer, Sven Schmidt, Tarek Müller und Philipp Klöckner. Seit Jahren begleiten mich die ehemalige Sextoy-Gründerin und heutige Aufsichtsrätin, der Milliarden-Gründer hinter der Fashion-Plattform About You, der mittelständische Maschinenmarktplatzbetreiber und Großsponsor sowie der Business-Angel und Digitalmarketingstar durch die Zeit und erzählen aus ihrer Sicht, wie sich die Welt gerade verändert.

Danksagung

Ohne meine Familie und die ganze OMR-Crew wäre mein Berufsleben nicht möglich und einfach nicht dasselbe.

Danke außerdem an Caro, Michael, Christian und Jonas. Ohne euch wäre das Buch vielleicht möglich gewesen, aber ganz sicher nicht dasselbe.

Anmerkungen

1 Siehe https://t3n.de/news/bedeuten-17-millionen-deutsche-1175372. Siehe auch Slide aus Philipps Talk, https://de.slideshare.net/OnlineMarketingRockstars/state-of-the-german-internet-2020-236036609.

2 Siehe https://appleinsider.com/articles/19/11/06/apple-store-revenue-grows-to-31-of-apples-income-for-2019, https://www.macworld.com/article/211968/applestore sinancials.html.

3 Siehe https://themarkup.org/election-2020/2020/10/29/facebook-political-ad-targeting-algorithm-prices-trump-biden.

4 Siehe https://www.axelspringer.com/data/uploads/2020/03/geschaeftsbericht_2019-1.pdf.

5 Siehe https://de.wikipedia.org/wiki/Brigitte_%28Zeit schrift%29.

6 Siehe https://gorillas.io/de/liefergebiete.

7 Siehe https://www.dwdl.de/nachrichten/45645/bild zeitung_wird_ab_mai_um_zehn_cent_teurer.

8 Adam Alter: *Irresistible. The rise of addictive techno-logy and the business of keeping us hooked.* London: Penguin, 2017, https://text.npr.org/519977607.

9 Siehe https://finance.yahoo.com/quote/UBER.

10 Siehe https://t3n.de/news/amazon-hat-weltweit-150-millionen-1247966/; https://www.wiwo.de/unterneh men/handel/amazon-mehr-als-100-milliarden-dollar-umsatz-amazon-quartalszahlen-uebertreffen-erwartun gen/26877800.html.

11 Siehe https://ir.aboutamazon.com/annual-reports-proxies-and-shareholder-letters/default.aspx; https://www.macrotrends.net/stocks/charts/AMZN/amazon/revenue.

12 Siehe https://s2.q4cdn.com/299287126/files/doc_finan cials/2021/q1/Amazon-Q1-2021-Earnings-Release.pdf.

13 Siehe https://s22.q4cdn.com/959853165/files/doc_finan cials/2021/q1/FINAL-Q1-21-Shareholder-Letter.pdf.

14 Siehe https://www.n-tv.de/auto/Das-Geschaeftsmodell-Flugtaxi-boomt-article22182732.html.

15 Siehe https://www.heise.de/news/App-Store-Gebueh ren-Epic-Games-reicht-bei-EU-Kartellbeschwerde-gegen-Apple-ein-5057496.html.

16 Siehe https://s22.q4cdn.com/959853165/files/doc_financials/2020/ar/8f311d9b-787d-45db-a6ea-38335e de9d47.pdf; https://corporate.zalando.com/de/investor-relations/konzern-gesamtergebnisrechnung-2020.

17 Siehe https://www.deraktionaer.de/artikel/aktien/snowflake-buffett-aktie-voellig-entfesselt-20222051.html?feed=TRtvHrugxEKV2n-qR2P-ag.

18 Siehe https://www.presseportal.de/pm/150164/4854 702.

19 Siehe https://www.wallstreet-online.de/nachricht/13651244-thrasio-rekordverdaechtiges-wachstum-uebernahme-100-amazon-geschaefts-fort/all.

20 Siehe https://www.finanznachrichten.de/nachrichten-2021-02/52089970-thrasio-erhoeht-europaeisches-en

gagement-auf-500-millionen-euro-und-kuendigt-eine-
weitere-grosse-deutsche-akquisition-an-007.htm.

21 Siehe https://techcrunch.com/2021/04/01/thrasio-
raises-100m-for-its-amazon-roll-up-play-appoints-
retail-cfo-heavyweight-for-its-next-steps.

22 Siehe https://www.sap.com/investors/de.html?pdf-
asset=36f99640-cb7d-0010-87a3-c30de2ffd8ff&page=1.

23 Siehe https://www.cbinsights.com/research-unicorn-
companies.

24 Siehe https://coinmarketcap.com/rankings/exchanges/;
https://www.cnbc.com/2021/04/15/coinbase-coin-
climbs-11percent-in-premarket-after-nasdaq-debut.
html.

25 Siehe https://financefwd.com/de/bitcoin-de/; https://
www.finanzen.net/aktien/bitcoin_group-aktie.

Register